T0222685

Aufgaben und Lösungen der Fürther
Mathematik-Olympiade 2017–2022

Lutz Andrews · Alfred Faulhaber · Bertram Hell ·
Paul Jainta · Christine Streib

Aufgaben und Lösungen der Fürther Mathematik-Olympiade 2017–2022

Für Begabtenförderung, AGs und zur Vorbereitung auf Wettbewerbe

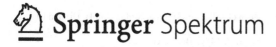

Lutz Andrews
Röthenbach, Deutschland

Alfred Faulhaber
Schwabach, Deutschland

Bertram Hell
Altdorf, Deutschland

Paul Jainta
Vorsitzender des Fördervereins Fürther
Mathematik Olympiade e. V.
Schwabach, Deutschland

Christine Streib
Karlstadt, Deutschland

ISBN 978-3-662-66720-0   ISBN 978-3-662-66721-7   (eBook)
https://doi.org/10.1007/978-3-662-66721-7

Die Deutsche Nationalbibliothek verzeichnet diese Publikation in der Deutschen Nationalbibliografie;
detaillierte bibliografische Daten sind im Internet über http://dnb.d-nb.de abrufbar.

Planung/Lektorat: Andreas Ruedinger
Springer Spektrum ist ein Imprint der eingetragenen Gesellschaft Springer-Verlag GmbH, DE und ist
ein Teil von Springer Nature.
Die Anschrift der Gesellschaft ist: Heidelberger Platz 3, 14197 Berlin, Germany

Vorwort

Im Anfang war die Tat!
J.W. von Goethe

Dieser Band ist der vierte mit Aufgaben und Lösungen aus der Fürther Mathematik- Olympiade (FüMO), der im SpringerSpektrum-Programm erscheint. Er enthält alle Probleme aus den Wettbewerbsjahren 2017–2022. Der Wettbewerb ist ein Angebot für Schülerinnen und Schüler der Jahrgangsstufen 5 bis 8 und besteht aus zwei Runden. Je Runde und Klassenstufe werden drei Aufgaben gestellt, also pro Wettbewerbsjahr insgesamt 24 neue Probleme. Das Buch bietet somit 120 weitere- Gelegenheiten, neue Entdeckungen auf dem weiten Feld der Schulmathematik zu machen oder sich einfach die Zeit mit Zahlenspielereien, Logikrätseln oder geometrischen Figuren unter anderen Blickwinkeln zu vertreiben.

Mittlerweile gibt es diesen bayerischen Wettbewerb seit 30 Jahren. Hochgerechnet sind das etwa 800 mathematische Fragestellungen, wie sie in diesen Formulierungenoder Inhalten auf Schulniveau kaum in den Schulbüchern vorkommen. Allerdings haben wir festgestellt, dass neu aufgelegte Mathematikbücher für den Unterricht schon einmal die eine oder andere Aufgabe aus unserem Wettbewerb übernommen haben. Es freut uns natürlich, wenn gelegentlich unsere erprobten Ideen passgenau in die Lehrpläne der Länder eingefügt werden.

Das Spektrum der Aufgaben ist weit gefächert: Zahlenspielereien (z.B. Zebra-Zahlen, Trillige Zahlen, folgsame Summen, geschicktes Zählen beim Hochstapeln), aber auch Alltägliches (Herbstblätter, Computerviren oder Muscheln im Sand), einfachereProbleme aus der Zahlentheorie wie die Erbsenzählerei auf einer Treppe, die spielerisch zu den Fibonacci-Zahlen führt. Natürlich dürfen Logikrätsel und der Ideenreichtum der Anfangsgeometrie mit ihren vielfältigen Blickfängen (LUTZ- Quadrate, Rechteckriesen oder Flächenvergleiche) nicht fehlen.

Insbesondere mit den Zahlenspielen oder Anwendungen zur geometrischen Algebra lassen sich viele Neulinge aus den unteren Klassen faszinieren. Sie führen in unbekannte Felder der elementaren Mathematik und lassen sie staunen, wie reichhaltig und bereichernd die Schulmathematik sein kann. Daher sind die Probleme aus diesem Band besonders geeignet, eine Mathematikstunde abseits des

Lehrplans aufzulockern oder Vertretungsstunden auszufüllen. Da ließe sich dann spontan auch ein klasseninterner Wettstreit durchführen.

Die Fragestellungen der Fürther Mathematik-Olympiade gehen Jahr für Jahr neue Pfade und bringen manchmal völlig neue Objekte zutage oder erfinden neue Begriffe wie die „Zebra-Zahlen", die es bisher in der Fachliteratur so noch nicht gab. Inzwischen findet man diese Bezeichnung zunehmend auch in anderen Wettbewerben oder im Sprachgebrauch von Lehrenden oder Teilnehmenden.

Gerade viele jüngere Schülerinnen und Schüler, die zum ersten Mal in die Atmosphäre eines Mathematikwettbewerbs eintauchen, wollen diese Erfahrung(en) wiedererleben und beteiligen sich an überregionalen Wettbewerben (Landeswettbewerbe, Mathematikolympiaden bis hinauf zum Bundeswettbewerb Mathematik (BWM)). Wir haben bei FüMO die erfreuliche Erkenntnis gewonnen, dass es Jahr für Jahr ehemalige Teilnehmende aus der 5. Jahrgangsstufe bis zum Bundessieg beim BWM oder sogar bis in die deutsche Auswahlmannschaft für die Internationale Mathematik Olympiade geschafft haben. Darauf sind wir besonders stolz.

Dieser Band ist der letzte aus der Reihe mit Aufgaben und Lösungen der Fürther Mathematik Olympiade. Genau 30 Jahrgänge sind in den Bänden enthalten. Mit diesem Wettbewerbsjahr 2021/22 endet die Fürther Mathematik Olympiade, die nach der Idee der Olympiade Junger Mathematiker aus der ehemaligen DDR seinerzeit im Jahr 1991 entwickelt worden ist. Doch der Zeitpunkt für die Einstellung des Wettbewerbs ist nicht das 30-jährige Jubiläum. Das Bayerische Staatsministerium für Unterricht und Kultus hat den Organisatorinnen und Organisatoren vor einiger Zeit signalisiert, dass es plant, einen landesweiten Unterstufenwettbewerb Mathematik einzuführen. Damit besäße das Land Bayern ein durchgehendes Förderprogramm für interessierte und talentierte Schülerinnen und Schüler ab der Jahrgangsstufe 5 bis hinauf zur Kollegstufe.

Schwabach   *Paul Jainta StD i. R.*
2. November 2022   Vors. des Vereins FüMO e. V.

Danksagung

Gedenke der Quelle, wenn du trinkst.
Volksweisheit

Den beiden Gründern der Fürther Mathematik-Olympiade (FüMO), Paul Jaintaund Rudolf Großmann, damalige Mathematiklehrkräfte am Gymnasium Stein bei Nürnberg, gebührt ein großer Dank für den Aufbau des Wettbewerbs in der schwierigen Anfangszeit. Fast von Anbeginn begleiten Dr. Eike Rinsdorf (ehemals Dietrich-Bonhoeffer-Gymnasium Oberasbach) und Alfred Faulhaber (ehemals Sigmund-Schuckert-Gymnasium Nürnberg-Eibach) den Wettbewerb als Organisatoren vor Ort, Ideengeber und „Aufgabenausdenker". Sie haben FüMO tatkräftig unterstützt und einen großen daran, dass der Wettbewerb eine weite Verbreitung gefunden hat. Ein zusätzlicher Dank gilt Bertram Hell (ehemals Leibniz- Gymnasium Altdorf), Christine Streib (ehemals Johann-Schöner-Gymnasium Karlstadt), Gudrun Tisch (ehemals Maria-Ward-Schule Aschaffenburg) und Andrea Stamm (Deutschhaus-Gymnasium Würzburg), die in den Folgejahren zum FüMO- Team gestoßen sind.

Die vorliegenden Aufgaben und Lösungen sowie diejenigen aus den vorherigen Buchbänden wurden von diesen engagierten Lehrkräften aus Mittel- und Unterfrankenin der Vergangenheit erstellt und ausgearbeitet. Bei Gudrun Tisch möchten wir uns außerdem dafür bedanken, dass sie nach ihrem Umzug nach Berlin auch dort unseren Wettbewerb in viele Schulen getragen hat. Danke auch an Katharina Rüth (Johann-Schöner-Gymnasium Karlstadt), die seit 2014 die Organisation in Unterfranken übernommen hat. Besonders zu erwähnen ist das Engagement von Vera Krug und Lutz Andrews, beide Eltern von früheren Teilnehmenden, die später in die Teamarbeit eingestiegen sind. Weiterhin sei Erik Sinne gedankt, der in den letzten beiden Jahren hinzukam. Ein besonderer Dank geht an Alfred Faulhaber, der den Verein FüMO e. V. viele Jahre als stellvertretender Vereinsvorstand mitgeführt hat, sowie Rudolf Grossmann, der in der gesamten Zeit für die Homepage des Wettbewerbs zuständig war.

Wir danken zudem dem damaligen Schulleiter am Gymnasium Stein, OStD Kurt Dänzer, der die beiden Wettbewerbsgründer tatkräftig unterstützt hat, die

Fürther Mathematik-Olympiade an den fünf Nachbargymnasien in der Stadt bzw. im LandkreisFürth einzuführen.

In diesen Dank einschließen wollen wir auch die Schulleitungen allerteilnehmendenRealschulen und Gymnasien, die Regionalleiterinnen und Regionalleiter, alle ehrenamtlichen Korrektorinnen und Korrektoren sowie alle Lehrkräfte, die unseren Wettbewerb in all den Jahren begleitet und mitgetragen haben.

Ein ganz besonderes Dankeschön gebührt allen Teilnehmenden an diesemWettbewerb, die sich an eine wohl für sie gänzlich neue Herausforderung gewagt haben, sowie ihren anspornenden Eltern.

Der Wettbewerb hat von Beginn an unter einer besonderen Schirmherrschaft gestanden. Als Schirmherrin der Fürther Mathematik-Olympiade konnte die frühere Fürther Landrätin Dr. Gabriele Pauli gewonnen werden. Mit ihrer Persönlichkeit, ihrem guten Namen und ihrer öffentlichen Stellungnahme hat sie nach außen das außergewöhnliche Engagement der Organisatorinnen und Organisatoren des Wettbewerbs deutlich wahrnehmbar werden lassen. Wir danken ihr sehr für diesen bemerkenswerten Einsatz.

Das Unternehmen FüMO wäre ohne die jahrelange Unterstützung durch Sponsorennicht möglich geworden. Stellvertretend möchten wir hier den Hauptsponsor seit dem Jahr 2000 nennen, die Hermann Gutmann Stiftung Nürnberg. Der damalige Vorstandsvorsitzende der Stiftung, Herr Diplom-Kaufmann Dr. h.c. Hans Novotny, hatte einen entscheidenden Anteil an der Gründung des Fördervereins Fürther Mathematik-Olympiade e. V. im November 2000 und damit am Aufstieg des Wettbewerbs in die Bundesliga der mathematischen Begabtenförderung. Die Stiftung hat nun bald 20 Jahre den Wettbewerb überaus großzügig unterstützt. Frau Angela Novotny, seine Tochter und Nachfolgerin, hat diese umfangreiche finanzielle Förderung fortgeführt. Wir bedanken uns herzlich auch für ihr Engagement für den Wettbewerb.

Seit es den Verein gibt, sind die Teilnahmezahlen sprunghaft gestiegen und haben die 2000er Marke weit überschritten. Ohne die überaus noble Unterstützung unseres Wettbewerbs seitens der Stiftung hätten wir alle weiteren Angebote und Veranstaltungennicht stemmen können: FüMO-Tag an der Universität Erlangen-Nürnberg, Mathetag an der Universität Würzburg, Mathetage an den Universitäten Bayreuth und Passau, an den Fachhochschulen Regensburg und Aschaffenburg, Zusammenarbeit mit der Universität Augsburg (z.B. Vorträge), ein früherer Schülerzirkel an der Universität Erlangen, Professorinnen und Professoren als Referentinnen und Referenten anlässlich von Preisverleihungen, die Betreuung der Filialen in den Regierungsbezirken u. v. m.

Schließlich danken wir Herrn Dr. Andreas Rüdinger und Frau Bianca Alton vom Springer-Verlag für die nachhaltige und freundliche Begleitung dieses Buchprojekts und dessen Aufnahme in das SpringerSpektrum-Programm. Einen besonderen Dank möchten wir Lutz Andrews aussprechen, der unsere Aufgaben, alle Texte, Tabellen, Verzeichnisse und Grafiken in eine professionelle buchtaugliche Form gebracht hat.

Paul Jainta

Inhaltsverzeichnis

Teil I
Aufgaben der 5. und 6. Jahrgangsstufe

Kapitel 1
Zahlenquadrate und Verwandte

1.1 Fehlende Zahlen

Anja will die Felder des Quadrats (Abb. 1.1) so ergänzen, dass

(1) in jeder Zeile,
(2) in jeder Spalte und
(3) in jeder der beiden Diagonalen

jede der Zahlen von 1 bis 6 genau einmal vorkommt.

a) Anja trägt als erstes die Zahlen in die grau markierten Felder ein. Welche sind das? Begründe genau!
b) Zeige Anja, wie das Quadrat vollständig ausgefüllt aussieht.

(Lösung Abschn. 17.1)

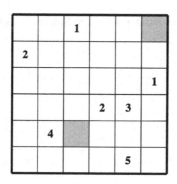

Abb. 1.1 Fehlende Zahlen

L. Andrews et al., *Aufgaben und Lösungen der Fürther Mathematik-Olympiade 2017–
2022*, https://doi.org/10.1007/978-3-662-66721-7_1

Abb. 1.2 Das magisches
Kreuz

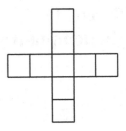

1.2   Das magische Kreuz mit der 26

Trage neun aufeinanderfolgende natürliche Zahlen so in die Felder (Abb. 1.2) ein,
dass man sowohl waagerecht als auch senkrecht die Summe 36 erhält.

Untersuche, ob es noch andere neun aufeinanderfolgende natürliche Zahlen mit
dieser Eigenschaft gibt.

(Lösung Abschn. 17.2)

1.3   Zwei Rechtecke im 3er Quadrat

Gegeben ist ein Quadrat mit neun Feldern (Abb. 1.3). Außerdem stehen ein schwarzer
und ein grauer Spielstein zur Verfügung. Beide rechteckigen Spielsteine überdecken
jeweils genau zwei Felder des Quadrats.

Wie viele verschiedene Möglichkeiten gibt es,

a) den grauen Spielstein,
b) den grauen und den schwarzen Spielstein jeweils genau über zwei Felder zu
   legen?

Dabei dürfen sich der graue und der schwarze Spielstein nicht überdecken.

(Lösung Abschn. 17.3)

Abb. 1.3 Zwei Rechtecke
im 3er-Quadrat

1	2	3
4	5	6
7	8	9

Abb. 1.4 Zahlen im Quadrat

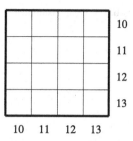

1.4 Zahlen im Quadrat

In die 16 Felder des Quadrats (Abb. 1.4) sollen die Zahlen 1, 2, 3, 4 und 5 so eingetragen werden, dass

(1) jede Zeile und jede Spalte nur verschiedene Zahlen enthält,
(2) die Zahlen 2, 3 und 4 jeweils genau dreimal im Quadrat vorkommen und
(3) die Zahlen in jeder Zeile und Spalte die am Rand angegebenen Summenwerte
    haben.
    a) Wie oft kommt in dem Quadrat die Zahl 1, wie oft die Zahl 5 vor?
    b) Leite eine mögliche Lösung für das Quadrat her.

(Lösung Abschn. 17.4)

1.5 Das versteckte Wort

In das Quadrat (Abb. 1.5) hat Ali acht Wörter (vier waagrecht, vier senkrecht) eingetragen. Sieben davon sind FMOO, FOMF, MMFO, MOFO, OFOO, OMMF und
ÜMOM.

a) Warum muss das fehlende Wort die Buchstaben F, M, O und Ü enthalten?
b) Das Wort OFOO steht in einer Zeile. Zeige, dass dafür nur die vierte Zeile möglich
   ist.
c) Vervollständige das Quadrat. Wie heißt das achte Wort?

(Lösung Abschn. 17.5)

Abb. 1.5 Das versteckte
Wort

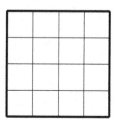

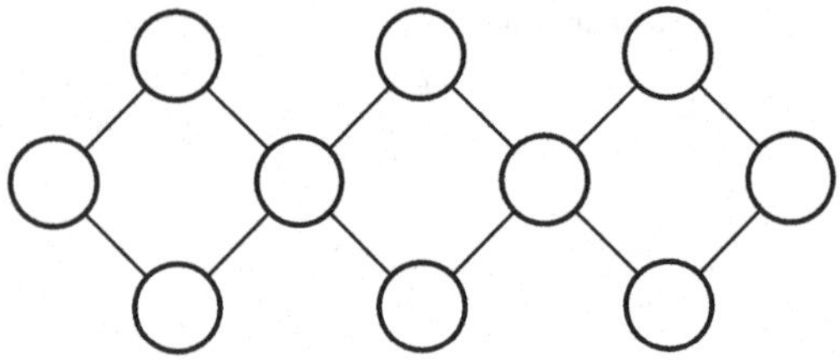

Abb. 1.6 Quadratsummen

1.6   Quadratsummen

Die Zahlen 1 bis 10 sollen so in die zehn Kreise der Figur in Abb. 1.6 eingetragen werden, dass in jedem der drei Quadrate die vier Eckzahlen zusammen den gleichen Summenwert (=Quadratsummenwert) haben.

a) Gib eine Verteilung der zehn Zahlen mit dem Quadratsummenwert 22 an.
b) Begründe, dass die Quadratsumme nicht größer als 24 sein kann.
c) Bestimme den kleinstmöglichen Wert der Quadratsumme.

(Lösung Abschn. 17.6)

1.7   Sieben auf fünf Geraden

Tim möchte in die Kreise (Abb. 1.7) die Zahlen 1 bis 7 (jede Zahl kommt genau einmal vor) so eintragen, dass für jede der fünf Geraden die Summe der drei darauf liegenden Zahlen jeweils denselben Wert S ergibt.

a) Untersuche, wie groß S sein kann.
b) Begründe, warum im Kreis an der Spitze nur eine bestimmte Zahl möglich ist.
c) Gib eine passende Belegung der Kreise an.

(Lösung Abschn. 17.7)

Abb. 1.7 Sieben auf fünf
Geraden

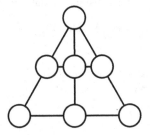

Abb. 1.8 Besondere
Eckfelder

1.8 Besondere Eckfelder

Paula möchte in die acht Felder des Quadrates (Abb. 1.8) die Zahlen von 1 bis 8 so
eintragen, dass die Summe der Zahlen in der 1. Zeile, der 3. Zeile, der 1. Spalte und
der 3. Spalte jeweils denselben Wert S hat. Paula findet eine Lösung und stellt fest,
dass die Summe der Zahlen in den Eckfeldern durch 4 teilbar ist.

Zeige: Dies ist für jede Lösung gültig.
   Gib eine Lösung sowohl für $S = 12$ als auch für $S = 13$ an.
   (Lösung Abschn. 17.8)

1.9 Das Fragezeichen

In die Kästchen des 5x5-Quadrats (Abb. 1.9) sind die Zahlen 1, 2, 3, 4 und 5 so
einzutragen, dass in jeder Zeile und jeder Spalte jede dieser fünf Zahlen genau einmal
vorkommt. Dabei sollen die Summen der Zahlen in den drei umrandeten Bereichen
gleich sein. Die Zahl 2 links oben ist vorgegeben.

a) Ermittle die Zahlensumme in einem Bereich.
b) Welche Zahl versteckt sich hinter dem Fragezeichen?
c) Gib eine mögliche Verteilung der Zahlen auf die Felder an.

(Lösung Abschn. 17.9)

Abb. 1.9 Das Fragezeichen

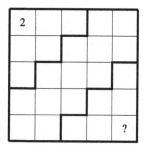

Abb. 1.10 Zeilensummen

1.10 Zeilensummen

Paula möchte in die neun Felder des Quadrates (Abb. 1.10) neun aufeinanderfolgende
natürliche Zahlen so eintragen, dass die Summe in jeder Zeile jeweils denselben Wert
99 hat.

a) Die Zahl 30 ist dabei. Finde die anderen!
b) Trage eine mögliche Verteilung dieser Zahlen in die Quadratfelder ein.

(Lösung Abschn. 17.10)

1.11 Teilbarkeitsquadrate

Anja betrachtet 2x2-Quadrate, deren Felder sie mit vier verschiedenen Ziffern so
belegt, dass waagrecht und senkrecht gelesen jeweils zwei zweistellige Zahlen entstehen. Anja nennt ein solches Quadrat durch n ($n > 1$) teilbar, wenn diese vier
Zahlen durch n teilbar sind.

Beispiel: Das Quadrat (Abb. 1.11) ist durch 4 teilbar, da 4 ein Teiler von 12, 64, 16
und 24 ist.

a) Wie viele solche Quadrate gibt es, die durch 2 teilbar sind?
b) Untersuche, für welche $n > 2$ es Quadrate gibt, die durch n teilbar sind.

(Lösung Abschn. 17.11)

Abb. 1.11 Teilbarkeitsquadrate

| 1 | 2 |
| 6 | 4 |

Kapitel 2
Zahlenspielereien

2.1 Abstand halten

Auf einem Zahlenstrahl sind die vier Zahlen 2010, 2014, 2019 und 2023 gekennzeichnet.

a) Suche alle Zahlen, die von einer dieser vier gegebenen Zahlen den Abstand 2 und von einer anderen den Abstand 7 haben.
b) Bestimme alle Zahlen, die von einer der vier gegebenen Zahlen einen Abstand haben, der dreimal so groß ist wie der Abstand zu einer anderen dieser Zahlen.

(Lösung Abschn. 18.1)

2.2 Dreistellige Zebra-Zahlen

Eine natürliche Zahl mit mindestens drei Stellen heißt Zebra-Zahl, wenn man für ihre Darstellung nur zwei Ziffern verwendet, wobei nie gleiche Ziffern nebeneinander stehen.
So sind zum Beispiel 373, 7070 und 4 646 464 Zebra-Zahlen.

a) Wie viele dreistellige Zebra-Zahlen gibt es?
b) Ermittle die Summe aller dreistelligen Zebra-Zahlen, ohne sie alle aufzuschreiben.

(Lösung Abschn. 18.2)

L. Andrews et al., *Aufgaben und Lösungen der Fürther Mathematik-Olympiade 2017–2022*, https://doi.org/10.1007/978-3-662-66721-7_2

2.3   Besonders einsame Zahlen

Eine Zahl, die nur die Ziffern 0 und 1 enthält, heißt einsame Zahl (z. B. 11, 101, 1000).

Anja betrachtet nur diejenigen einsamen Zahlen, in denen sich an keiner Stelle ein Block von drei benachbarten Ziffern wiederholt.

Beispiele: Bei 1 010 001 sind alle Dreierblöcke verschieden: 101, 010, 100, 000 und 001. Für die Zahl 101 011 trifft dies nicht zu, da der Block 101 zweimal vorkommt.

Bestimme die größte der von Anja betrachteten Zahlen.

(Lösung Abschn. 18.3)

2.4   Zahlensuche

Von zwei natürlichen Zahlen a und b ist bekannt:

(1)   Es gilt $a > b$.
(2)   Die Zahlen a und b beginnen mit der selben Ziffer.
(3)   Schreibt man die Zahlen a und b in dieser Reihenfolge hintereinander, entsteht eine Zebra-Zahl.
(4)   Es gilt $a + b = 4777$.

Um welche Zahlen handelt es sich?

Hinweis: Eine natürliche Zahl mit mindestens drei Stellen heißt Zebra-Zahl, wenn man für ihre Darstellung mit zwei Ziffern auskommt, wobei nie gleiche Ziffern nebeneinander stehen. So sind zum Beispiel 373, 7 070 und 5 656 565 Zebra-Zahlen.

(Lösung Abschn. 18.4)

2.5   Zahlen streichen

An der Tafel stehen die Zahlen von 1 bis 5. Anja und Iris dürfen abwechselnd jeweils eine Zahl durchstreichen, bis nur noch zwei Zahlen an der Tafel stehen. Ist die Summe der beiden letzten Zahlen durch 3 teilbar, gewinnt Anja, ansonsten Iris. Anja beginnt.

a)   *Zeige:* Es gibt nur eine Zahl, die Anja am Anfang durchstreichen kann, um zu gewinnen.
b)   Wer gewinnt, wenn an der Tafel nur die Zahlen von 1 bis 4 stehen?

(Lösung Abschn. 18.5)

2.6 Besondere Summenwerte

Anja beschäftigt sich mit der Summe von zwei aufeinanderfolgenden natürlichen Zahlen. Sie beginnt mit $1 + 2 = 3$. Dann berechnet sie als zweite Summe $2 + 3$, dann als dritte $3 + 4$, usw.

a) Welche Summe steht in dieser Reihenfolge an 2018te Stelle und wie groß ist ihr Summenwert?
b) Unter diesen Summenwerten befinden sich Quadratzahlen. Wie heißen die ersten sechs darin auftretenden Quadratzahlen? Wie heißt die zwanzigste dieser Quadratzahlen?
c) *Zeige:* Die 2018te darin vorkommende Quadratzahl ist 16 297 369. An welcher Stelle aller Summenwerte steht sie?

(Lösung Abschn. 18.6)

2.7 Das Produkt FüMO

Simon hat sich das folgende Buchstabenrätsel ausgedacht:

$$FU \cdot E = MO.$$

Dabei soll wie immer gelten: Jeder Buchstabe steht für eine bestimmte Ziffer, verschiedene Buchstaben stehen für verschiedene Ziffern.

a) Es stehen nur die Ziffern 1, 2, 3, 4 und 5 zur Verfügung.
   Zeige: Es gibt genau eine Lösung.
b) Bestimme alle Lösungen, wenn nur die Ziffern 2, 3, 4, 5, 6, 7, 8 und 9 zur Verfügung stehen.

(Lösung Abschn. 18.7)

2.8 Gestrichene Zahlen

Linda streicht von den natürlichen Zahlen von 1 bis 19 vier aufeinanderfolgende Zahlen. Als Durchschnitt der verbleibenden Zahlen berechnet sie 9, 6.

a) Ermittle, welche vier Zahlen Linda durchgestrichen hat.
b) Linda streicht weitere fünf Zahlen und erhält wieder 9, 6 als Durchschnitt der verbleibenden Zahlen. Kann unter den gestrichenen Zahlen die 1 gewesen sein?
c) Kann Linda aus den Zahlen von 1 bis 19 auch fünf aufeinanderfolgende Zahlen streichen und als Durchschnitt der Restzahlen wieder 9, 6 erhalten? Begründe!

(Lösung Abschn. 18.8)

2.9 Distante Zahlen

Anja nennt eine mindestens zweistellige natürliche Zahl distant, wenn sich alle benachbarten Ziffern der Zahl um mindestens 2 unterscheiden. So sind etwa 13, 131, 42504 und 290415 distant, nicht aber 44, 165, 1038 oder 2014.

a) Ermittle die kleinste und die größte fünfstellige distante Zahl.
b) Ermittle die Anzahl der zweistelligen distanten Zahlen, ohne diese aufzuschreiben.

(Lösung Abschn. 18.9)

2.10 FüMO macht Spass

Die Zahlen 1, 2, 3, 4, 5, 6 und 7 sollen so auf die Buchstaben verteilt werden, dass die folgende Gleichung erfüllt ist:

$$F + \ddot{U} + M + O = S + P + A + S + S \qquad (2.1)$$

Dabei soll wie immer gelten: Jeder Buchstabe steht für eine bestimmte Zahl, verschiedene Buchstaben stehen für verschiedene Zahlen.

a) Bestimme eine Lösung, bei der die Zahl $S + P + A + S + S$ am größten wird.
b) Warum kann es keine Lösung für die Zahlen 2, 3, 4, 5, 6, 7 und 8 geben?

(Lösung Abschn. 18.10)

2.11 Die Zebra-Zahl 2020

Eine natürliche Zahl mit mindestens drei Stellen heißt Zebra-Zahl, wenn sie nur zwei verschiedene Ziffern enthält und in der Zifferndarstellung nie gleiche Ziffern nebeneinanderstehen. So sind zum Beispiel 373, 7070 und 4646464 Zebra-Zahlen. Anja addiert eine Zebra-Zahl z zur Zebra-Zahl 2020 und erhält wieder eine Zebra-Zahl.

Wie viele verschiedene Zahlen z gibt es, für die dies möglich ist.
(Lösung Abschn. 18.11)

2.12 Nicht folgsam

Eine natürliche Zahl heißt folgsam, wenn sie als Produkt zweier aufeinanderfolgender Zahlen darstellbar ist; z. B. ist 20 eine folgsame Zahl, da $20 = 4 \cdot 5$ ist. Wenn man die Zahlen von 1 bis 2020 hintereinander in eine Liste schreibt und aus dieser Liste die folgsamen Zahlen herausstreicht, entsteht eine neue kürzere Liste. So wird z. B. aus 1;2;3;4;5;6;7;8;9;10 die Liste 1; 3; 4; 5; 7; 8; 9; 10.

a) Ermittle die Position der Zahlen 28 und 2000 in der neuen Liste.
b) Welche Zahl steht an der 1 000sten Position der neuen Liste?

(Lösung Abschn. 18.12)

2.13 Zebra-Zahlen mit der Quersumme 2020

Eine natürliche Zahl mit mindestens drei Stellen heißt Zebra-Zahl, wenn sie aus zwei Ziffern besteht und in der Zifferndarstellung nie gleiche Ziffern nebeneinanderstehen. So sind zum Beispiel 373, 7070 und 4 646 464 Zebra-Zahlen.

a) Die Zebra-Zahl 1010...1010 hat die Quersumme 2020. Wie viele Stellen hat sie?
b) Bestimme alle weiteren Zebra-Zahlen, die (1) eine gerade Stellenzahl haben, (2) die Quersumme 2020 haben und (3) auf 1 enden.
c) Bestimme alle Zebra-Zahlen, die (1) eine ungerade Stellenzahl haben, (2) die Quersumme 2020 haben und (3) auf 1 enden.

(Lösung Abschn. 18.13)

2.14 Trillige Zahlen

Julia nennt eine dreistellige natürliche Zahl trillig, wenn ihre Ziffern verschieden von 0 sind und, der Größe nach geordnet, direkt aufeinanderfolgen.

Beispiele: 132, 789 oder 657 sind trillige Zahlen.

a) Wie viele trillige Zahlen gibt es?
b) Julia findet: 675 = 132 + 543. Welche ist die kleinste und welche die größte trillige Zahl, die sich als Summe zweier trilliger Zahlen darstellen lassen?
c) Wie viele trillige Zahlen mit der Ziffer 4 gibt es, die sich als Summe zweier trilliger Zahlen darstellen lassen?

(Lösung Abschn. 18.14)

2.15 Eigenschaften von 2021

Die Zahl 2021 hat folgende Eigenschaften:

(1) Sie ist vierstellig.
(2) Streicht man die letzten zwei Ziffern, ist die verbleibende Zahl durch 5 teilbar.
(3) Streicht man die ersten beiden Ziffern, ist die verbleibende Zahl durch 7 teilbar.
    a) Wie viele Zahlen haben außer der 2021 noch die Eigenschaften (1)–(3)?
    b) Wie viele davon sind durch 3 teilbar?

(Lösung Abschn. 18.15)

2.16   Folgsame Summen

Volkmar nennt eine Summe S folgsam, wenn ihre Summanden aufeinanderfolgende ganze Zahlen sind.

Beispiel:
$S = 2 + 3 + 4 + 5 = 14$ oder $S = (-4) + (-3) + (-2) + (-1) + 0 + 1 + 2 = -7$ sind folgsame Summen.

a) Bestimme möglichst geschickt den Summenwert von $S = (-3) + (-2) + \ldots + 149 + 150$.
b) Bestimme mindestens sieben folgsame Summen mit dem Summenwert 15.

(Lösung Abschn. 18.16)

2.17   Besondere Summen

Isabel nennt eine Summe S folgsam, wenn sie mindestens zwei Summanden hat und ihre Summanden aufeinanderfolgende natürliche Zahlen sind, z. B. $S = 4 + 5 + 6 = 15$ oder $S = 10 + 11 = 21$.

a) Isabel findet jeweils zwei weitere folgsame Summen mit den Summenwerten 15 und 21. Welche könnten dies sein?
b) Isabel sucht alle folgsamen Summen mit dem Summenwert 105. Kannst du ihr helfen?
c) Gibt es eine folgsame Summe mit dem Summenwert 2022?

(Lösung Abschn. 18.17)

2.18   Arithmetische Mittel

Für den Rechenbaum (Abb. 2.1) gilt folgende Regel: Über den drei bzw. zwei Kästchen steht immer das arithmetische Mittel der drei bzw. zwei Zahlen in den Kästchen.

Abb. 2.1 Arithmetische
Mittel

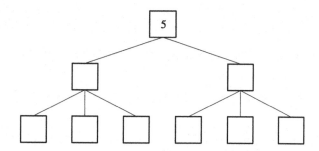

a) Recherchiere, was das arithmetische Mittel ist, und erkläre es kurz.
b) Trage im nebenstehenden Raster in die leeren Kästchen alle Ziffern außer 0 und
   5 so ein, dass die vorgegebene Regel erfüllt ist.
c) Erkläre ausführlich, warum es für alle Ziffern außer 0 und 6 keine Lösung gibt,
   wenn an der Spitze des Rechenbaums 6 steht.

(Lösung Abschn. 18.18)

Kapitel 3
Geschicktes Zählen I

3.1 Erbsenzählerei

200 Töpfe stehen in einer langen Reihe nebeneinander. Peter legt zunächst in jeden Topf eine Erbse. Danach wirft er in jeden zweiten Topf eine Erbse, anschließend in die Töpfe 3, 6, 9, ... Nach diesem Muster legt er nun je eine Erbse in jeden 4., dann 5. Topf, usw., bis er zuletzt in den 200. Topf eine Erbse gibt.

a) Ermittle die Anzahl der Erbsen im 24. Topf.
b) In wie vielen Töpfen liegen genau zwei Erbsen?
c) Finde heraus, in welchen Töpfen die Anzahl der Erbsen ungerade ist und begründe deine Antwort.

(Lösung Abschn. 19.1)

3.2 Geschachtelte Rechtecke

In Abb. 3.1 sind drei Rechtecke gezeichnet.

a) Wie viele Rechtecke kann man darin finden?
b) Zeichne drei Rechtecke so, dass man in der Figur mindestens 54 Rechtecke erkennt.

(Lösung Abschn. 19.2)

© Der/die Autor(en), exklusiv lizenziert an Springer-Verlag GmbH, DE, ein Teil von
Springer Nature 2023
L. Andrews et al., *Aufgaben und Lösungen der Fürther Mathematik-Olympiade 2017–2022*, https://doi.org/10.1007/978-3-662-66721-7_3

Abb. 3.1 Geschachtelte
Rechtecke

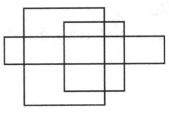

Abb. 3.2 K-Diagonalen

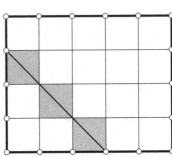

3.3   K-Diagonalen

Ein 4×5-Rechteck ist in $4 \cdot 5 = 20$ gleich große Quadrate unterteilt. Eine K-Diagonale verbindet zwei Randpunkte des Rechtecks und verläuft diagonal durch mindestens zwei Kästchen (Abb. 3.2).

a) *Zeige:* Im 4×5-Rechteck gibt es genau 12 K-Diagonalen.
b) Bestimme die Anzahl der K-Diagonalen in einem 10×20-Rechteck.
c) Bestimme die Anzahl der K-Diagonalen in einem 2019×2020-Rechteck.

(Lösung Abschn. 19.3)

3.4   Zickzack-Wege

Kim hat sich ein Spiel ausgedacht . Dafür malt sie ein 3×12-Feld auf den Hof. Sie möchte von einem Ende zum anderen gelangen, indem sie immer diagonal ein Feld vorwärts hüpft (Abb. 3.3).

a) Kann sie mit elf Hüpfern das mittlere Feld am Ziel erreichen, wenn sie am Start in der Mitte beginnt?
b) Wie viele verschiedene Wege mit elf Sprüngen gibt es, wenn Kim im mittleren Startfeld beginnt?
c) Bestimme die Anzahl aller möglichen Wege von den drei Startfeldern zum Ziel.

(Lösung Abschn. 19.4)

Abb. 3.3 Zickzack-Wege

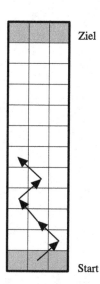

Kapitel 4
Was zum Tüfteln

4.1 Wie geht's?

Paula soll sechs aufeinanderfolgende natürliche Zahlen so eintragen (Abb. 4.1), dass die Summen der Zahlen in den Feldern

a) der drei Vierecke jeweils gleich groß sind.
b) der beiden Dreiecke jeweils gleich groß sind.

Zeige, dass a) möglich und b) nicht möglich ist.
　　(Lösung Abschn. 20.1)

4.2 Würfelgerüst

Rita hat 20 übliche Spielwürfel mit den Augenzahlen 1 bis 6 zu einem Würfelgerüst (Abb. 4.2) zusammengeklebt. Man kann von allen Seiten in der Mitte durchschauen! Beim Kleben hat Rita darauf geachtet, dass immer zwei Flächen mit gleicher Augenzahl verklebt werden.
　　Bestimme die Summe aller Augen auf den 72 sichtbaren Würfelseiten.
　　(Lösung Abschn. 20.2)

Abb. 4.1 Wie geht's?

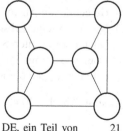

L. Andrews et al., *Aufgaben und Lösungen der Fürther Mathematik-Olympiade 2017–2022*, https://doi.org/10.1007/978-3-662-66721-7_4

Abb. 4.2 Würfelgerüst

4.3 Eine rätselhafte Division

Bei der untenstehenden Divisionsaufgabe sind viele Ziffern durch Sternchen ersetzt.

$$* * * * * : * * = 7 * *$$
$$\underline{* *}$$
$$* * *$$
$$\underline{* * *}$$
$$* *$$
$$\underline{* \, 5}$$
$$0$$

a) Begründe, dass der Divisor ungerade und kleiner als 15 sein muss.
b) Ermittle eine Lösung.
c) Bestimme die Anzahl der möglichen richtigen Lösungen.

(Lösung Abschn. 20.3)

4.4 Die Erbsentreppe

Auf den zehn Stufen einer Treppe sind viele Erbsen verteilt. Jede Erbse, die über eine Stufenkante rollt, fällt auf die nächste und die übernächste Stufe. Dort bleibt sie dann liegen. Bei jedem Auftreffen auf eine Stufe stößt sie je eine Erbse so an, dass diese über die Kante rollt und sich wie die Ausgangserbse verhält (zweimaliges Fallen und Anstoßen). Zu Beginn wird oben eine Erbse über die Kante geschubst. Sei E_n die Anzahl der Erbsen, die auf die n-te Stufe (von oben gezählt) auftreffen.

a) Es ist $E_1 = 1$. Gib die nächsten drei Werte E_2, E_3 und E_4 an.
b) Berechne die Anzahl der Erbsen, die unten (10. Stufe) ankommen.
c) Nun treibt eine Erbse nach dem ersten Sturz zwei neue Erbsen über die Kante. Nach dem zweiten Sturz bleibt sie jedoch liegen ohne eine weitere Erbse anzustoßen. Bestimme die Anzahl der nun unten ankommenden Erbsen, wenn oben eine Erbse über die Kante rollt.

(Lösung Abschn. 20.4)

4.5 Primteiler

a) Linda schreibt zweimal eine dreistellige Primzahl nebeneinander und erhält so eine sechsstellige Zahl (z. B. 401 401). Wie viele verschiedene Primteiler hat Lindas Zahl?

b) Paul schreibt nun eine zweistellige Primzahl größer als 40 dreimal nebeneinander und erhält so auch eine sechsstellige Zahl (z. B. 414 141). Ermittle die Anzahl der Teiler (!) dieser Zahl.

(Lösung Abschn. 20.5)

4.6 Französische Multiplikation

An einer Wand in Paris befindet sich die Inschrift $6 \cdot \mathbf{SIX} = 5 \cdot \mathbf{CINQ}$.

Ersetze in dieser Gleichung die Buchstaben durch Ziffern, sodass eine richtige Rechnung entsteht. Gleiche Buchstaben bedeuten dabei gleiche Ziffern, verschiedene Buchstaben verschiedene Ziffern.

Zeige, wie du auf deine Lösung gekommen bist.

(Lösung Abschn. 20.6)

4.7 Nussvorrat

Die beiden Eichhörnchen Karl und Heinz haben einen Vorrat an Nüssen gesammelt. Karl besitzt 65 Haselnüsse und 46 Walnüsse, Heinz 37 Haselnüsse und 73 Walnüsse. Da sie sich über den Speiseplan nicht einigen konnten, vereinbaren sie: Jeder holt täglich eine Nuss aus seinem Vorrat. Sind beide von gleicher Art, werden sie sofort gegessen. Sind sie von verschiedener Art, so tauschen Karl und Heinz ihre Nuss und legen diese zu ihrem jeweiligen Vorrat und fressen keine Nuss. Am Ende bleibt eine Nuss übrig. Kannst du mit Begründung vorhersagen,

a) wer die letzte Nuss besitzt und
b) von welcher Art die übrigbleibende Nuss ist?
c) Ermittle die Mindestanzahl von Tagen, für die der Vorrat reicht.

(Lösung Abschn. 20.7)

Abb. 4.3 Zahlenstrahl

4.8   Durch 15?

Auf einem Zahlenstrahl (Abb. 4.3) sind sechs natürliche Zahlen A, B, C, D, E und F eingetragen. Von diesen Zahlen sind mindestens zwei durch 3 und mindestens zwei durch 5 teilbar. Finde heraus, welche dieser Zahlen durch 15 teilbar sind.

Hinweis: Zwei benachbarte Punkte auf dem Zahlenstrahl haben den Abstand 1.
   (Lösung Abschn. 20.8)

4.9   Fuemos

Im FüMO-Land gibt es Geldscheine zu 3 und 5 *Fuemo*. Welche ganzzahligen Geldbeträge in *Fuemo* können unter alleiniger Verwendung von Drei- und Fünf-*Fuemo*-Scheinen zusammengestellt werden, falls genügend viele dieser Geldscheine vorhanden sind?
   (Lösung Abschn. 20.9)

Kapitel 5
Logisches und Spiele

5.1 Ali, Oli und Uli

Ali und Oli sind jetzt zusammen 13 Jahre alt. In einem Jahr werden Ali und Uli zusammen 20 Jahre alt sein, während Oli und Uli in zwei Jahren zusammen 29 Jahre alt sein werden.

Wie alt sind Ali, Oli und Uli in drei Jahren?

(Lösung Abschn. 21.1)

5.2 Mathe ist doof

Anton, Bernd und Chris werden verdächtigt, den Spruch „Mathe ist doof" an die Tafel geschrieben zu haben. Bei einer Befragung erklärt Anton: „Ich war es nicht und Bernd auch nicht." Bernd behauptet: „Anton war es nicht, denn Chris war der Übeltäter." Schließlich erzählt Chris: „Ich war es nicht, aber Anton war es."

Wer von den Dreien war es, wenn ein Schüler zweimal lügt, ein anderer bei genau einer der beiden Aussagen lügt und der dritte stets die Wahrheit sagt?

(Lösung Abschn. 21.2)

5.3 Lauter Lügner?

Nach einem hitzigen Fußballspiel hat die Polizei elf Randalierer vorläufig festgenommen. Auf dem Polizeirevier erklärt der erste: „Von mir erfährt keiner etwas, und die anderen lügen alle." Da erwidert der Zweite: „Der Erste lügt." Der Dritte behauptet, dass der Zweite lüge. Genauso erklären alle anderen nacheinander, dass der Vorredner lügt.

Bestimme die Anzahl der Lügner unter den Randalierern.

(Lösung Abschn. 21.3)

© Der/die Autor(en), exklusiv lizenziert an Springer-Verlag GmbH, DE, ein Teil von Springer Nature 2023
L. Andrews et al., *Aufgaben und Lösungen der Fürther Mathematik-Olympiade 2017–2022*, https://doi.org/10.1007/978-3-662-66721-7_5

Kapitel 6
Geometrisches

6.1 LUTZ-Quadrate

Lutz schneidet vier gleich große Rechtecke L, U, T und Z aus und setzt sie wie in Abb. 6.1 gezeigt, zu einem Quadrat zusammen. Die Seitenlängen a und b eines jeden Rechtecks sind dabei ganzzahlig und verschieden ($a > b$).
Eine so entstandene Figur nennt er LUTZ-Quadrat.
In Abb. 6.1 sieht man ein LUTZ-Quadrat mit der Seitenlänge 10.

a) Begründe: Das innere Rechteck eines LUTZ-Quadrates ist ein Quadrat.
b) Wie viele verschiedene LUTZ-Quadrate der Seitenlänge 10 gibt es?
c) Wie viele verschiedene LUTZ-Quadrate der Seitenlänge 2017 gibt es?
d) Gibt es ein LUTZ-Quadrat, bei dem der Flächeninhalt des großen Quadrates 36-mal so groß ist wie der Flächeninhalt des inneren Quadrates?

(Lösung Abschn. 22.1)

Abb. 6.1 LUTZ-Quadrate

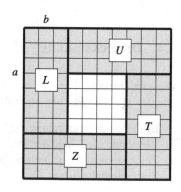

L. Andrews et al., *Aufgaben und Lösungen der Fürther Mathematik-Olympiade 2017–2022*, https://doi.org/10.1007/978-3-662-66721-7_6

6.2 Rechteckriesen

Simon denkt sich zwei riesige Rechtecke mit den Seitenlängen 2016 m und 2017 m bzw. 2018 m und 2019 m.

a) Er legt die beiden Rechtecke im Kopf so aneinander, dass mit einem dritten Rechteck insgesamt wieder ein Rechteck entsteht. Welche Seitenlängen könnte das dritte Rechteck haben? Gib alle Möglichkeiten an.

b) Nun denkt sich Simon die beiden Rechtecke so durch zwei andere Rechtecke ergänzt, dass ein möglichst großes Quadrat entsteht. Bestimme den Flächeninhalt des Quadrates.

(Lösung Abschn. 22.2)

6.3 Zusammensetzen folgsamer Rechtecke

Ein Rechteck heißt folgsam, wenn seine Seitenlängen natürliche Zahlen sind und eine Seite um 1 LE größer ist als die andere.

Tina sucht nach Rechtecken, die sich aus genau vier verschiedenen folgsamen Rechtecken, darunter das 3 × 4-Rechteck, vollständig und ohne Überlappung zusammensetzen lassen.

a) Tina findet ein 10 × 15-Rechteck. Zeichne eine zugehörige Zerlegung (1 LE = 1 Kästchenlänge).

b) Tina findet weitere fünf verschieden große Rechtecke mit obiger Eigenschaft und einer maximalen Seitenlänge von 15 LE. Zeichne jedes dieser Rechtecke mit der zugehörigen Zerlegung.

(Lösung Abschn. 22.3)

6.4 Dreiecksinhalte

Die vier Dreiecke F, $\ddot{U}$, M und O der nicht maßstäblichen Figur (Abb. 6.2) haben alle den gleichen Flächeninhalt A. Die Grundseite von F hat die Länge $a = 3$ cm.

a) Ermittle mit Begründung die Länge der Strecke b.

b) Bestimme die Länge der Strecke c.

c) Zeichne ein solches Dreieck, bei dem die vier Dreiecke F, $\ddot{U}$, M und O gleiche Flächeninhalte haben.

(Lösung Abschn. 22.4)

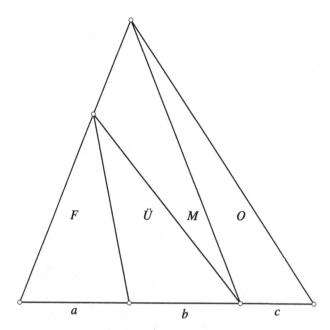

Abb. 6.2 Dreiecksinhalte

6.5   Quadrate im Quadrat

Elisa betrachtet nur Quadrate mit ganzzahligen Seitenlängen. Sie zerlegt ein Quadrat in kleinere, nicht notwendig verschiedene Quadrate, z. B. ein 5×5-Quadrat in acht kleinere Quadrate (Abb. 6.3).

a) Elisa zerlegt ein 8×8-Quadrat in sieben Quadrate. Zeichne ein Beispiel!
b) Elisa zerlegt ein 7×7-Quadrat in neun Quadrate. Wie könnte dies aussehen?
c) Welches kleinste Quadrat lässt sich in 34 Quadrate zerlegen? Gib dazu zwei Zerlegungen an, die unterschiedlich viele 1×1-Quadrate enthalten.

(Lösung Abschn. 22.5)

Abb. 6.3 Quadrate im Quadrat

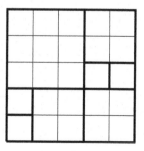

Kapitel 7
Alltägliches

7.1 Einkaufstour

Susi, Mona und Eva gehen einkaufen. Susi bezahlt für eine Jeans, drei T-Shirts und einen Schal zusammen 99 €. Monas Einkauf, zwei Jeans, sieben T-Shirts und drei Schals, kostet 214 €.

a) Wie viel zahlt Eva für zwei Jeans, fünf T-Shirts und einen Schal?
b) Lässt sich aus diesen Angaben eindeutig ermitteln wie viel jedes Teil kostet?
   Begründe deine Antwort.

Hinweis: Jede Jeans, jedes T-Shirt und jeder Schal kostet jeweils gleich viel.
   (Lösung Abschn. 23.1)

7.2 FüMO-Klub

Im FüMO-Klubzimmer gibt es für jedes Mitglied einen Stuhl oder einen Hocker. Alle diese Sitzgelegenheiten sind besetzt. Jeder Stuhl hat vier, jeder Hocker drei und jedes Mitglied zwei Beine. Insgesamt sind es 39 Beine.
   Wie viele Stühle stehen in diesem Raum?

Zeige: Es gibt nur eine Lösung.
   (Lösung Abschn. 23.2)

© Der/die Autor(en), exklusiv lizenziert an Springer-Verlag GmbH, DE, ein Teil von Springer Nature 2023
L. Andrews et al., *Aufgaben und Lösungen der Fürther Mathematik-Olympiade 2017–2022*, https://doi.org/10.1007/978-3-662-66721-7_7

7.3 Biberrennen

Zwei gleichstarke Biber schwimmen normalerweise im stehenden Wasser 0,3 m in einer Sekunde. Der erste Biber schwimmt in einem See 10 m hin und sofort die gleiche Strecke zurück. Der zweite Biber legt die gleichen Strecken in einem Fluss, einmal flussabwärts und danach flussaufwärts, zurück.

Berechne, wie lange beide Biber jeweils für ihre Gesamtstrecke von 20 m benötigen, wenn der Fluss mit 0,2 m pro Sekunde fließt.

(Lösung Abschn. 23.3)

7.4 Die Treppe

Berta schätzt die Höhe einer Treppe zwischen 15 m und 20 m. Die Stufenhöhe misst sie zu 15 cm. Sie steigt zuerst die Hälfte der Stufen empor und legt dann eine Pause ein. Dann steigt sie ein Drittel der restlichen Stufen höher und macht erneut Rast. Danach überwindet sie noch ein Achtel der verbleibenden Stufen, bevor sie aufgibt und umkehrt.

a) Welchen Anteil der Stufen hat sie nicht geschafft?
b) Wie hoch ist die Treppe, wenn Bertas anfängliche Schätzung stimmt?

(Lösung Abschn. 23.4)

7.5 Trocknende Pilze

1,2 kg frisch gepflückte Pilze enthalten 95 % Wasser. Durch Trocknen an der Luft verringert sich der Wassergehalt in einer Woche auf 80 %.

a) Bestimme die Masse der Pilze nach der ersten Woche.
b) Ermittle den Wassergehalt, wenn die Masse der Pilze zwischenzeitlich auf 1 kg abgenommen hat.

(Lösung Abschn. 23.5)

7.6 Bio im Durchschnitt

Nachdem Ökobauer Tim seinen letzten Biokürbis für 2,40 € auf dem Wochenmarkt verkauft hat, stellt er fest, dass der durchschnittliche Verkaufspreis seiner Kürbisse bei 2,51 € liegt. Bevor er zusammenpackt, bringt der letzte Kunde seinen Kürbis wegen einer Delle zurück. Tim gewährt ihm einen Nachlass von 1,24 € für diesen

Kürbis. Dadurch verringert sich der Durchschnittspreis der verkauften Kürbisse auf 2,47 €.

Wie viele Kürbisse hat Tim verkauft?

(Lösung Abschn. 23.6)

7.7 Herbstblätter

Sechs gleiche Äste sind in Form eines Sechsecks (Abb. 7.1) gelegt. Mehrere Blätter sollen nicht überlappend so auf die sechs Äste verteilt werden, dass auf jedem Ast gleich viele Blätter liegen. Dabei zählen Blätter, die den Berührungspunkt zweier Äste überdecken, zu beiden Ästen.

a) Gib eine geeignete Verteilung von 17 Blättern auf diese sechs Äste an.
b) Wie viele Blätter müssen bei einer Verteilung von insgesamt 15 Blättern auf den Eckpunkten des Sechsecks liegen? Begründe genau.
c) Zeichne alle möglichen Verteilungen von 15 Blättern. Lösungen, die durch „Weiterdrehen" bzw. „Spiegeln" einer gefundenen Verteilung entstehen, zählen nicht als neue Lösung.

(Lösung Abschn. 23.7)

Abb. 7.1 Herbstblätter

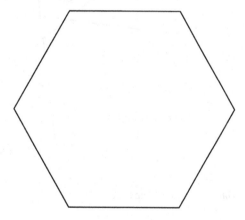

7.8   Tennisturnier

Bei einem Mannschaftstennisturnier wird Tennis in Dreierteams gespielt. Jedes Team tritt gegen jedes andere genau einmal an. Dabei spielt jedes Teammitglied gegen jeden Spieler des anderen Teams genau einen Satz. Aus Zeitgründen können höchstens 200 Sätze gespielt werden. Bestimme die maximale Anzahl der Mannschaften, die an diesem Turnier teilnehmen können.
(Lösung Abschn. 23.8)

7.9   Muscheln im Sand

Am Strand befinden sich vier Spuren und eine Muschel (Abb. 7.2).
    Lege drei weitere Muscheln so, dass auf jeder Seite der vier Spuren zwei Muscheln sind. Finde fünf verschiedene Lösungen.
(Lösung Abschn. 23.9)

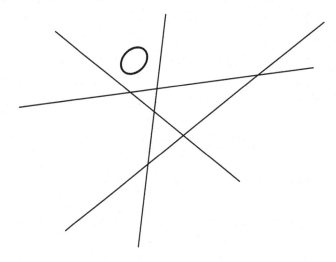

Abb. 7.2 Muscheln im Sand

7.10 Computervirus

Ein Computervirus vernichtet Speicherplatz. Am 1. Tag killt er die Hälfte des gesamten Speichervolumens. Am 2. Tag vernichtet er ein Drittel des Restvolumens, am 3. Tag ein Viertel, am 4. Tag ein Fünftel des jeweils noch vorhandenen Restvolumens.

a) Berechne das nach dem 4. Tag übrig gebliebene Speichervolumen.
b) Bestimme den Zeitpunkt, zu dem 90 % des Speicherplatzes vernichtet sind, wenn die Verringerung in obiger Weise weiter abnimmt.
c) Kann man den Zeitpunkt festlegen, nach dem der gesamte Speichervorrat vernichtet ist? Begründe!

(Lösung Abschn. 23.10)

Teil II
Aufgaben der 7. und 8. Jahrgangsstufe

Kapitel 8
Weitere Zahlenspielereien

8.1 Zerissene Streifen

Luisa schreibt die Zahlen von 9 bis 15 der Reihe nach auf einen Papierstreifen, den ihr kleiner Bruder so in zwei Teile reißt, dass auf einem Teil genau eine Zahl mehr steht als auf dem anderen. Bevor Luisa sich ärgern kann, fällt ihr auf, dass die Summe der Zahlen auf den Streifenteilen gleich groß ist. Sie überlegt, ob es noch andere Zahlenreihen von aufeinanderfolgenden Zahlen mit dieser Eigenschaft gibt.

a) Finde auch du drei weitere solche Zahlenreihen, darunter auch die, welche unsere Jahreszahl 2018 enthält.
b) Zeige allgemein, dass alle solche Zahlenreihen mit einer Quadratzahl beginnen müssen.

(Lösung Abschn. 24.1)

8.2 Zahlenkreis

Tuvia ordnet die Zahlen von 1 bis 12 so auf einem Kreis an, dass sich benachbarte Zahlen entweder um 2 oder um 3 unterscheiden. Ermittle eine mögliche Anordnung und begründe dein Vorgehen.
(Lösung Abschn. 24.2)

© Der/die Autor(en), exklusiv lizenziert an Springer-Verlag GmbH, DE, ein Teil von Springer Nature 2023
L. Andrews et al., *Aufgaben und Lösungen der Fürther Mathematik-Olympiade 2017–2022*, https://doi.org/10.1007/978-3-662-66721-7_8

8.3 Eckenprodukte

Auf jede Seitenfläche eines Würfels wird eine natürliche Zahl geschrieben. Jeder Ecke wird das Produkt der Zahlen auf den drei Flächen zugewiesen, die an dieser Ecke zusammentreffen. Wir nennen es das Eckenprodukt. Die Summe der Eckenprodukte ist 165.

Welche Werte kann die Summe der Zahlen auf den Seitenflächen annehmen?
(Lösung Abschn. 24.3)

8.4 Dreimal ACH

Peter hat eine dreistellige Zahl mit sich selbst multipliziert und festgestellt, dass die drei letzten Ziffern des Ergebnisses mit seiner dreistelligen Zahl übereinstimmen. Leider hat er seine Aufzeichnungen verlegt.

Finde heraus, welche Werte für A, C und H in die Rechnung (Abb. 8.1) eingepasst werden können.
(Lösung Abschn. 24.4)

Abb. 8.1 Dreimal ACH

$$
\begin{array}{ccccccc}
A & C & H & \cdot & A & C & H \\
\hline
- & - & - & - & & & \\
- & - & - & - & & & \\
- & - & - & - & & & \\
\hline
- & - & - & A & C & H & \\
\end{array}
$$

Kapitel 9
Geschicktes Zählen II

9.1 Hochstapeln

In der Ecke eines Raumes sind mehrere würfelförmige Bauklötze übereinander gestapelt (Abb. 9.1). Nicht alle Bausteine sind sichtbar.

a) Wie viele Bauklötze befinden sich im Stapel?
b) Alle sichtbaren Seitenflächen werden rot eingefärbt. Wie viele Bauklötze haben dann keine, eine, zwei oder drei rote Seitenflächen?
c) Ein Würfel wird zufällig dem ganzen Stapel entnommen und danach geworfen. Mit welcher Wahrscheinlichkeit kommt er auf einer roten Seitenfläche zu liegen?

(Lösung Abschn. 25.1)

Abb. 9.1 Hoch stapeln

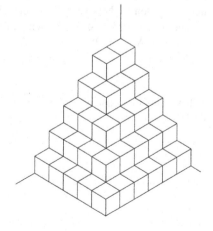

9.2   Wer steht bis zuletzt?

a) 26 Teilnehmer eines Mathecamps bekommen T-Shirts, auf denen die Zahlen von
   1 bis 26 stehen. Danach stellen sie sich der Reihe nach in einem Kreis auf. So
   steht also Zora mit der Zahl 26 neben Arno mit der Zahl 1. Dann muss sich, von
   Arno aus gezählt, immer jedes zweite noch stehende Kind setzen.
   Welche Nummer hat der Teilnehmer, der als Letzter steht?
b) Welche Nummer hätte bei 2017 Teilnehmern das T-Shirt des letzten stehenden
   Kindes?

(Lösung Abschn. 25.2)

9.3   Ein Kreuz mit Zahlen

Die sieben Zahlen 2, 3, 4, 5, 6, 7 und 8 sind so in das Diagramm (Abb. 9.2) einzufü-
gen, dass die vier Zahlen in der Zeile und die vier Zahlen in der Spalte zusammen
jeweils den Summenwert 21 ergeben.
   Auf wie viele Arten ist dies möglich?
   (Lösung Abschn. 25.3)

9.4   Karten im Karton

In einem Karton befinden sich 400 Eintrittskarten in fünf verschiedenen Farben:
blaue, grüne, rote, violette und orangefarbene. Die Die Anzahlen der blauen, grünen und roten Tickets verhalten sich wie $1 \div 2 \div 4$, die der grünen, violetten und
orangefarbenen wie $1 \div 3 \div 6$. Wie viele Karten von jeder Farbe enthält der Karton?
   (Lösung Abschn. 25.4)

Abb. 9.2 Ein Kreuz mit
Zahlen

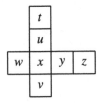

Kapitel 10
Zahlentheorie

10.1 Starke Potenzen

Für welche einstelligen Zahlen n ist der Wert der Differenz $9^{2017} - n^{2018}$ durch 10 teilbar?

(Lösung Abschn. 26.1)

10.2 Besonders folgsam

Marco nennt eine natürliche Zahl folgsam, wenn sie sich als Produkt zweier aufeinander folgender Zahlen schreiben lässt.

Beispiel: Die Zahl 20 ist folgsam, da $20 = 4 \cdot 5$.

Zeige: Zu jeder folgsamen Zahl gibt es mindestens eine zweite folgsame Zahl, die mit der ersten multipliziert wieder eine folgsame Zahl ergibt.

(Lösung Abschn. 26.2)

10.3 Vermittlung

Der Mittelwert von 2018 nicht unbedingt verschiedenen, positiven ganzen Zahlen zwischen 1 und 20 182 018 beträgt 2018.

a) Welches ist die größte Zahl, die unter diesen 2018 Zahlen auftreten kann?
b) Welches ist die größte Zahl, wenn alle 2018 Zahlen verschieden sind?

© Der/die Autor(en), exklusiv lizenziert an Springer-Verlag GmbH, DE, ein Teil von Springer Nature 2023
L. Andrews et al., *Aufgaben und Lösungen der Fürther Mathematik-Olympiade 2017–2022*, https://doi.org/10.1007/978-3-662-66721-7_10

Tipp: Gaußsche Summenformel.
  (Lösung Abschn. 26.3)

10.4 Quersummelei

Die Zahl $N = 999\ldots999$ besteht aus 2018 Ziffern 9.

a) Wie groß ist die Quersumme der Zahl $2 \cdot N$?
b) Wie groß ist die Quersumme der Zahl N^2?

(Lösung Abschn. 26.4)

10.5 Gerade oder ungerade?

Eva wählt eine gerade und eine ungerade Zahl. Sie multipliziert die kleinere der
beiden Zahlen mit 18 und die größere mit 27. Anschließend addiert sie beide Pro-
duktwerte. Das Ergebnis teilt sie Tim mit.

a) Kann Tim eindeutig feststellen, ob die kleinere gewählte Zahl gerade oder unge-
    rade ist?
b) Wie lauten die beiden von Eva gewählten Zahlen, wenn sie Tim den Wert 162 als
    Ergebnis nennt?

(Lösung Abschn. 26.5)

10.6 Ein Elftel zerlegt

Für welche Primzahlen p_1, p_2 und p_3 gilt:

$$\frac{1}{11} = \frac{1}{p_1 p_2} + \frac{1}{p_1 p_3} + \frac{1}{p_2 p_3}?$$

(Lösung Abschn. 26.6)

10.7 Verschiebe die 1

Eine natürliche Zahl z beginnt mit der Ziffer 1. Nimmt man diese 1 von der ersten
Stelle und hängt sie an die verbliebenen Ziffern an, so entsteht eine Zahl y.

Beispiel: Sei $z = 1\,443$, dann ist $y = 4\,431$.

Ermittle die kleinste Zahl z, für die $y = 3z$ gilt.
(Lösung Abschn. 26.7)

10.8 Folgsamer Anhang

Eine Zahl heißt folgsam, wenn sie sich als Produkt zweier aufeinanderfolgender natürlicher Zahlen schreiben lässt.

a) Anja nimmt eine beliebige folgsame Zahl und hängt an diese 25 an.

 Zeige: Die entstandene Zahl ist eine Quadratzahl.

b) Bestimme alle folgsamen Zahlen kleiner als 10 000, die an 25 angehängt, eine Quadratzahl ergeben.

(Lösung Abschn. 26.8)

10.9 Gibt's noch mehr?

Vera hat eine besondere Zahl entdeckt. Sie besitzt folgende Eigenschaften:

(1) Ihre Quersumme ist doppelt so groß wie die Anzahl der Ziffern der Zahl.
(2) Die Zahl hat nicht mehr als 10 Ziffern.
(3) Die Ziffern der Zahl sind abwechselnd gerade und ungerade.
(4) Die um 1 größere Zahl ist durch 210 teilbar.

Zeige: Es gibt nur eine einzige Zahl mit den angegebenen Eigenschaften.
(Lösung Abschn. 26.9)

10.10 SP-Zahlen

Eine Zahl, deren Quersumme (das ist die Summe ihrer Ziffern) mit ihrem Querprodukt (das ist das Produkt ihrer Ziffern) übereinstimmt, nennen wir SP-Zahl.

a) Finde eine zweistellige und eine dreistellige SP-Zahl.
b) Welches ist die kleinste vierstellige SP-Zahl?
c) Gib alle Möglichkeiten an, wie man die Ziffern x und y wählen kann, damit $\overline{1x2y1}$ eine SP-Zahl ist.

Hinweis: $\overline{1x2y1}$ beschreibt die Zahl mit den Ziffern 1, x, 2, y und 1 in der angegebenen Reihenfolge.
(Lösung Abschn. 26.10)

10.11 Fünf Zahlen, drei Summenwerte

Der Mathelehrer schreibt fünf natürliche Zahlen an die Tafel. Die Schüler sollen alle möglichen Summen aus je zwei Zahlen bilden. Sie erhalten jedoch nur drei verschiedene Ergebnisse, nämlich 57, 70 und 83.

Welche größte Zahl steht an der Tafel?

(Lösung Abschn. 26.11)

10.12 Die letzte Ziffer

Aus dem Produkt $1 \cdot 2 \cdot 3 \cdot \ldots \cdot 2020 \cdot 2021$ werden alle Faktoren, die ein Vielfaches von 2 oder 5 sind, entfernt.

Auf welche Ziffer endet das Produkt der verbleibenden Zahlen?

(Lösung Abschn. 26.12)

10.13 Drei in Folge

Gegeben ist eine Folge von natürlichen Zahlen $b_1, b_2, b_3, \ldots$, bei der die Summe von drei aufeinanderfolgenden Zahlen stets 2020 ergibt. Man weiß, dass $b_{666} = 412$ und $b_{1097} = 998$ ist. Welche Zahl ist dann b_{2020}?

(Lösung Abschn. 26.13)

10.14 Fuemosumme

Die zweistelligen Zahlen f, u, e, m und o werden so gewählt, dass deren Produkt $f \cdot u \cdot e \cdot m \cdot o$ durch 4 420 teilbar ist.

Welchen größten Wert kann die Summe $S = f + u + e + m + o$ annehmen?

(Lösung Abschn. 26.14)

10.15 Ziffernprodukt

Wie viele fünfstellige natürliche Zahlen gibt es, für die das Produkt ihrer fünf Ziffern 900 ist?

(Lösung Abschn. 26.15)

10.16   Gleiche Summen

Beate sucht fünf aufeinanderfolgende positive ganze Zahlen, bei denen die Summe aus zwei dieser Zahlen gleich der Summe der restlichen Zahlen ist.

a) *Zeige:* Die mittlere Zahl der fünf Zahlen muss gerade sein.
b) Bestimme alle Lösungen!

(Lösung Abschn. 26.16)

10.17   Der kleinste Nichtteiler

Eine natürliche Zahl mit mindestens drei Stellen heiße Zebra-Zahl, wenn in ihrer dezimalen Zifferndarstellung genau zwei verschiedene Ziffern vorkommen und dabei nie gleiche Ziffern nebeneinanderstehen.

Beispiel: 373, 6060 und 4 747 474 sind Zebra-Zahlen.
   Bestimme die kleinste Zahl $n \in \mathbf{N}$ so, dass n kein Teiler einer Zebra-Zahl ist.
   (Lösung Abschn. 26.17)

10.18   Suche

Finde alle zweistelligen Zahlen, die mit dem Summenwert aus ihrer vierfachen Zehnerziffer und dem Quadrat ihrer Einerziffer übereinstimmen.
   (Lösung Abschn. 26.18)

Kapitel 11
Winkel und Seiten

11.1 26° im 2017-Eck

Wie viele Innenwinkel der Größe 26° hat ein konvexes 2017-Eck höchstens?

Hinweis: Ein n-Eck heißt konvex, wenn es keine überstumpfen Innenwinkel hat.
(Lösung Abschn. 27.1)

11.2 Innenwinkel im Dreieck

In einem Dreieck ABC schneidet die Winkelhalbierende des Winkels $\sphericalangle CBA$ die
Seite AC. Weiterhin gilt $|AB| = |BD| = |DC|$.
Wie groß ist der Winkel $\sphericalangle ACB$?
(Lösung Abschn. 27.2)

11.3 Drei Punkte auf einer Geraden

Einem Quadrat ist ein gleichseitiges Dreieck aufgesetzt. Danach wird dem Dreieck
ein regelmäßiges Sechseck so angefügt, dass sie eine Seite gemeinsam haben.
  Die Geraden durch die Punkte E und A bzw. durch die Punkte I und B schneiden
sich im Punkt S (Abb. 11.1).

a) Ermittle die Größe des Winkels $\sphericalangle BSA$.
b) *Zeige:* Die Punkte G, C und S liegen auf einer Geraden.

(Lösung Abschn. 27.3)

© Der/die Autor(en), exklusiv lizenziert an Springer-Verlag GmbH, DE, ein Teil von · 49
Springer Nature 2023
L. Andrews et al., *Aufgaben und Lösungen der Fürther Mathematik-Olympiade 2017–2022*, https://doi.org/10.1007/978-3-662-66721-7_11

Abb. 11.1 Drei Punkte auf
einer Geraden

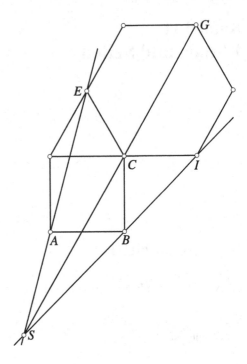

11.4 Quadrat im Trapez

In einem Quadrat $ABCD$ mit der Seitenlänge a verlängert man die Diagonalen über
C und D um die Länge a. Die Endpunkte dieser Strecken werden mit E und F
bezeichnet.

a) *Zeige:* Das Viereck $ABEF$ ist ein achsensymmetrisches Trapez.
b) Berechne die Innenwinkel des Vierecks $ABEF$.

(Lösung Abschn. 27.4)

11.5 Alpha und Beta

In ein Rechteck, das aus sechs gleich großen Quadraten besteht, werden die zwei
Dreiecke ACD und BCD eingezeichnet (Abb. 11.2).

Zeige: $\alpha + \beta = 45°$.
   (Lösung Abschn. 27.5)

Abb. 11.2 Alpha und Beta

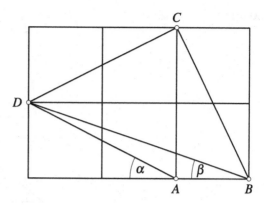

11.6 Doppelt lang

Das Dreieck ABC ist gleichschenklig mit Spitze C. Die Winkelhalbierende w_α des Winkels $\alpha = \sphericalangle BAC$ schneidet die Seite $\overline{BC}$ in D. Das Lot in D zu w_α schneidet die Gerade AB in E.

Zeige: $|AE| = 2 \cdot |BD|$.
  (Lösung Abschn. 27.6)

11.7 Fünf Strecken

Fünf Strecken schneiden sich in einem Punkt, der nicht Endpunkt dieser Strecken ist (Abb. 11.3).

a) Wie groß ist die Summe der zehn markierten Winkel?
b) *Zeige:* Schneiden sich vier Strecken in einem Punkt, der nicht Endpunkt dieser Strecken ist, ist die Summe der acht entsprechend markierten Winkel nicht eindeutig.

(Lösung Abschn. 27.7)

Abb. 11.3 Fünf Strecken

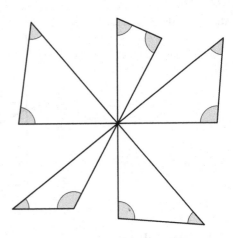

11.8   Gleichschenklige Dreiecke

Gegeben sei ein Parallelogramm $ABCD$ mit $|\sphericalangle BAD| < 90°$. Der Punkt E liegt auf der Geraden DC, sodass $|AD| = |AE|$. Der Punkt F liegt auf der Geraden AD, sodass $|CD| = |CF|$ (Abb. 11.4).

Zeige: Das Dreieck EBF ist gleichschenklig.
     (Lösung Abschn. 27.8)

Abb. 11.4   Gleichschenklige
Dreiecke

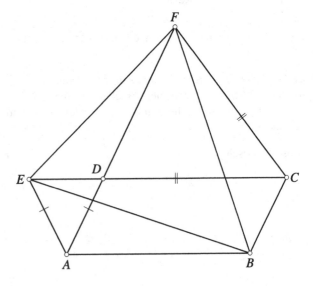

11.9 Punkt im Quadrat

Es sei $ABCD$ ein Quadrat der Seitenlänge 6 und E der Mittelpunkt der Seite $\overline{AD}$. Auf $\overline{CE}$ sei ein Punkt F so gelegen, dass die Flächen der Dreiecke AFE und BCF gleich groß sind (Abb. 11.5).

Welchen Abstand hat der Punkt F zu den Seiten $\overline{AB}$ und $\overline{BC}$?

(Lösung Abschn. 27.9)

Abb. 11.5 Punkt im Quadrat

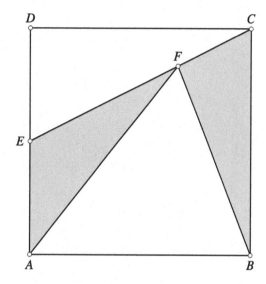

Kapitel 12
Flächenbetrachtungen

12.1 Resteck

Die Punkte A, B, C und D sind die Eckpunkte eines Parallelogrammes mit dem Flächeninhalt 1.

M und L seien die Mittelpunkte der Strecken $\overline{AD}$ bzw. $\overline{MC}$ (Abb. 12.1).

Wie groß ist der Flächeninhalt des Fünfecks $ABLCD$?

(Lösung Abschn. 28.1)

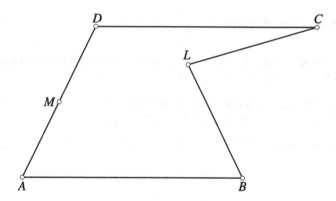

Abb. 12.1 Resteck

Abb. 12.2 Dreieck im
Quadrat

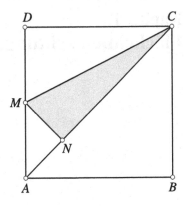

12.2   Dreieck im Quadrat

Gegeben ist das Quadrat $ABCD$. Wir verbinden den Mittelpunkt M von $\overline{AD}$ mit einem Punkt N auf der Diagonalen $\overline{AC}$ derart, dass die Strecke $\overline{MN}$ auf $\overline{AC}$ senkrecht steht (Abb. 12.2).

Welchen Flächenanteil hat das markierte Dreieck MNC am Quadrat?

(Lösung Abschn. 28.2)

12.3   Rechteckzerlegung

Innerhalb eines Rechtecks $ABCD$ liegt ein Punkt S so, dass die Flächeninhalte der Dreiecke ABS, BCS und CDS jeweils 8, 15 und 16 FE betragen (Abb. 12.3).

a) Bestimme den Flächeninhalt des Dreiecks DAS.
b) Ermittle die Lage des Punktes S, wenn $|AB| = 8$ LE beträgt.

(Lösung Abschn. 28.3)

Abb. 12.3 Rechteckzerlegung

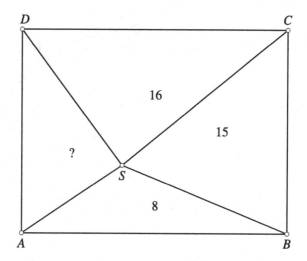

12.4 Zerlege das Dreieck

Ist es möglich, ein gleichseitiges Dreieck in vier, sechs, 29 oder 2020 nicht notwendig gleich große gleichseitige Dreiecke zu zerlegen?

Zeichne jeweils eine solche Zerlegung oder beschreibe, wie man sie durchführen könnte.

(Lösung Abschn. 28.4)

12.5 Flächenvergleich

Welcher Teil der Raute (Abb. 12.4) besitzt den größeren Flächeninhalt: Der hellgraue oder der dunkelgraue Teil?

(Lösung Abschn. 28.5)

Abb. 12.4 Flächenvergleich

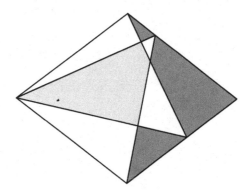

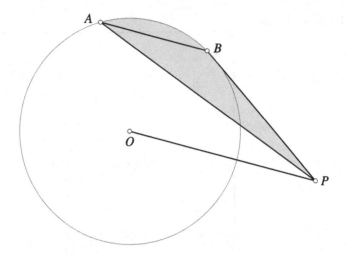

Abb. 12.5 Fläche am Kreis

12.6   Fläche am Kreis

Gegeben ist ein Kreis mit Mittelpunkt O und Radius r. Verbinde den Mittelpunkt
des Kreises mit einem beliebigen Punkt P außerhalb des Kreises. Wähle nun zwei
Punkte A und B auf dem Kreis so, dass die Gerade AB parallel zu OP liegt und
$|AB| = r$ gilt (Abb. 12.5).

Ermittle den Inhalt der grau unterlegten Fläche.

(Lösung Abschn. 28.6)

Kapitel 13
Geometrische Algebra

13.1 Das FüMO-Dreieck

Im Schuljahr 2018/2019 findet der Wettbewerb FüMO zum 27. Mal statt.
   In Unterfranken wird er zum 20. Mal angeboten. Deswegen will Paula die Punkte
$F(27|20)$, $M(2018|2019)$ und $O(0|0)$ zu einem Dreieck verbinden.

a) Berechne den Flächeninhalt dieses FüMO-Dreiecks.
b) *Zeige:* Das FüMO-Dreieck wächst jedes Schuljahr um vier Flächeneinheiten.

(Lösung Abschn. 29.1)

13.2 Sechs Quadrate

In ein Rechteck sind sechs Quadrate überschneidungsfrei eingepasst (Abb. 13.1).
Das kleine graue Quadrat in der Mitte hat eine Seitenlänge von 2 m.
   Welchen Flächeninhalt hat das Rechteck?
   (Lösung Abschn. 29.2)

© Der/die Autor(en), exklusiv lizenziert an Springer-Verlag GmbH, DE, ein Teil von
Springer Nature 2023
L. Andrews et al., *Aufgaben und Lösungen der Fürther Mathematik-Olympiade 2017–
2022*, https://doi.org/10.1007/978-3-662-66721-7_13   59

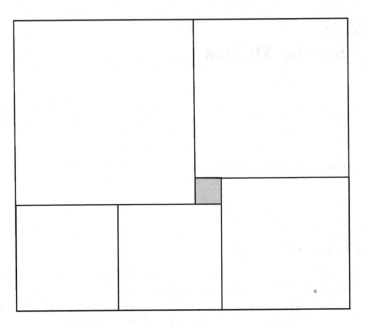

Abb. 13.1 Sechs Quadrate

13.3 Maximal und $\frac{1}{2}f^2$

Zeichne in einen Kreis $k(B, r)$ eine Sehne $\overline{FM}$ mit $|FM| = f$, die nicht durch den Mittelpunkt B geht. Durch diese Sehne wird die Kreislinie $k(B, r)$ in zwei Bögen b_1 und b_2 unterteilt. Auf diesen Bögen liegen zwei Punkte $\ddot{U}$ und O mit $\ddot{U} \in b_1$ und $O \in b_2$.

a) Für welche Wahl von $\ddot{U}$ und O wird der Flächeninhalt des Vierecks $F\ddot{U}MO$ am größten?
   Zeige, dass $A = f \cdot r$ gilt.
b) Wie muss man $\ddot{U}$ und O wählen, damit für den Flächeninhalt A des Vierecks $F\ddot{U}MO$ gilt: $A = 0{,}5 \cdot f^2$?
   Konstruiere ein solches Viereck.

(Lösung Abschn. 29.3)

Kapitel 14
Besondere Zahlen

14.1 2017 versteckt

Ein Computer druckt fortlaufend alle Zahlen von 1 bis 30 000. Es entsteht die folgende Zahlenreihe: 123456789101112 . . . 2999930000.

Wie oft erscheint in dieser Reihe die Jahreszahl 2017?

(Lösung Abschn. 30.1)

© Der/die Autor(en), exklusiv lizenziert an Springer-Verlag GmbH, DE, ein Teil von
Springer Nature 2023
L. Andrews et al., *Aufgaben und Lösungen der Fürther Mathematik-Olympiade 2017–2022*, https://doi.org/10.1007/978-3-662-66721-7_14

Kapitel 15
Probleme des Alltags

15.1 Wer ist der Spitzbube?

Auf einer Insel leben nur Ritter und Spitzbuben. Ritter sagen stets die Wahrheit, Spitzbuben dagegen lügen immer. Du triffst fünf Personen. Du weißt nur, dass unter ihnen genau vier Ritter und ein Spitzbube sind. Du weißt jedoch nicht, wer der Spitzbube ist. Die fünf Personen, die wir mit A, B, C, D und E bezeichnen, treffen je eine Aussage über die Inselbewohner:

A: „Alle Spitzbuben haben Schuhgröße 40."
B: „Alle Bewohner mit Schuhgröße 40 besitzen einen Goldfisch."
C: „Alle Bewohner mit einem Goldfisch sind Spitzbuben."
D: „Ich habe die Schuhgröße 40."
E: „Ich besitze einen Goldfisch."

Ermittle aus diesen Angaben, wer der Spitzbube ist.
(Lösung Abschn. 31.1)

15.2 Mathepensionär

Ein paar Tage nach seinem letzten Geburtstag kommt ein pensionierter Mathelehrer ins Grübeln. Sein aktuelles Alter ist eine Primzahl. Vor einem Jahr konnte er sein damaliges Alter als Produkt von drei verschiedenen Primzahlen angeben. In einem Jahr wird sich sein Alter als Produkt aus einer Quadratzahl und einer Kubikzahl berechnen lassen.
Wie alt ist der Pensionär?
(Lösung Abschn. 31.2)

L. Andrews et al., *Aufgaben und Lösungen der Fürther Mathematik-Olympiade 2017–2022*, https://doi.org/10.1007/978-3-662-66721-7_15

15.3   Playoff 1

In einem Fußballturnier spielen fünf Mannschaften um den Aufstieg. Jede der Mannschaften spielt gegen jede zweimal, einmal auswärts und einmal zu Hause. Für einen Sieg gibt es drei Punkte, für ein Unentschieden einen und für eine Niederlage keinen Punkt. Am Ende steigen die beiden Mannschaften mit den meisten Punkten auf. Bei Punktgleichheit entscheidet die bessere Tordifferenz über die Platzierung. Eine der beteiligten Mannschaften hat alle ihre Heimspiele gewonnen und jedes Auswärtsspiel unentschieden gespielt. Steigt diese Mannschaft sicher auf?
(Lösung Abschn. 31.3)

15.4   Playoff 2

In einem Fußballturnier spielen fünf Mannschaften um den Aufstieg. Jede der Mannschaften spielt gegen jede zweimal, einmal auswärts und einmal zu Hause. Für einen Sieg gibt es zwei Punkte, für ein Unentschieden einen Punkt und für eine Niederlage keinen Punkt. Am Ende steigen die beiden Mannschaften mit den meisten Punkten auf. Bei Punktgleichheit entscheidet die höhere Tordifferenz über die Platzierung. Eine der beteiligten Mannschaften hat alle ihre Heimspiele gewonnen und jedes Auswärtsspiel unentschieden gespielt.
Untersuche, ob diese Mannschaft sicher aufsteigt.
(Lösung Abschn. 31.4)

15.5   Onlinebefragung

Kunden eines Online-Shops können ihre Zufriedenheit mit einem gekauften Artikel äußern, indem sie ihn mittels einer Fünf-Sterne-Skala bewerten (1 Stern = schlecht, 5 Sterne = ausgezeichnet). Die durchschnittliche Bewertung eines neuen Smartphones betrug letzte Woche 3,46 Sterne. Als zwei weitere Personen ihre Bewertungen zu Beginn dieser Woche abgaben, stieg sie auf den aktuellen Durchschnitt von 3,5 Sternen. Wie viele Personen haben bis dahin das Smartphone bewertet?
(Lösung Abschn. 31.5)

15.6   Alte Schachteln

Anlässlich des Sommerfestes im Adam-Ries-Gymnasium hat die Klasse 8a einen Verkaufsstand aufgebaut. Die Verkaufsobjekte liegen in großen, mittleren und kleinen Schachteln. Am Ende wird aufgeräumt. Dabei stellt Adam fest, dass einige der elf großen Schachteln je acht mittlere Schachteln enthalten und einige dieser mittleren Schachteln wiederum je acht kleine Schachteln. Adam bemerkt zudem, dass 102 Schachteln keine kleinen Schachteln enthalten.

Wie viele Schachteln hat die Klasse 8a insgesamt mitgebracht?

(Lösung Abschn. 31.6)

15.7 Onlineschach

Tim hat in Coronazeiten ein neues Hobby für sich entdeckt: Online-Blitz-Schach. Er spielt heute den ganzen Tag gegen Schachfreunde im Internet. Dabei bestreitet er am Vormittag fünf Neuntel aller Partien des Tages, die er alle gewinnt. Nach einer Mittagspause spielt er am Nachmittag weiter. Von den am Nachmittag ausgetragenen Partien gewinnt er 75 %. Nach Abschluss aller Partien, stellt er fest: „Ich habe am Vormittag genau zwölf Partien mehr gewonnen als am Nachmittag."

Wie viele Partien hat Tim gespielt und wie viele davon gewonnen?

(Lösung Abschn. 31.7)

15.8 Quizshow

Anna hat in einer Quizshow alle Fragen richtig gelöst und darf aus vier Preisumschlägen einen auswählen. Nur in einem Umschlag befindet sich der Hauptpreis, in den anderen Trostpreise. Der Quizmaster gibt ihr drei Hinweise, von denen aber nur einer zutrifft.

(1) Der Hauptpreis ist im dritten oder vierten Umschlag.
(2) Der Hauptpreis befindet sich im zweiten Umschlag.
(3) Im vierten Umschlag befindet sich ein Trostpreis.
    a) Anna erkennt, dass damit für den Hauptpreis noch zwei Umschläge möglich sind. Bestimme die beiden Umschläge.
    b) Der Quizmaster gibt einen weiteren Hinweis: (4) Der Hauptpreis ist im ersten oder zweiten Umschlag. Leider sind von den vier Hinweisen genau drei falsch. Ermittle den Umschlag mit dem Hauptpreis.

(Lösung Abschn. 31.8)

15.9 Mähroboter Grasel

Mähroboter Grasel startet für einen Testlauf zu einem Rundgang über die Wiese im Punkt A. Er fährt einen Meter gerade aus nach Osten, ändert dann seine Richtung um 90° nach links oder rechts, fährt zwei Meter gerade aus und ändert wieder seine Richtung um 90°, dann fährt er drei Meter, um nach einer weiteren Richtungsänderung um 90°, vier Meter zu fahren. So macht er weiter, bis er am Ende neun Meter gefahren ist.

Begründe, warum er so nicht an seinem Startpunkt zu stehen kommt und finde einen Weg, bei dem er möglichst nahe bei Punkt A ankommt.

(Lösung Abschn. 31.9)

15.10   Kurswahl

Alle 30 Schülerinnen und Schüler der Klasse 8a wählen mindestens eines der drei Zusatzangebot „Mehr Mathe", „Kreatives Schreiben" oder „Chor". Die Zahl derer, die nur am Kurs „Mehr Mathe" teilnehmen ist größer als 2 und genauso groß wie die Zahl derer, die nur die beiden Kurse „Mehr Mathe" und „Kreatives Schreiben" wählen. Keiner entscheidet sich nur für die Teilnahme am Kurs „Kreatives Schreiben" oder „Chor". Sechs der Schülerinnen und Schüler wählen nur die beiden Angebote „Mehr Mathe" und „Chor". Die Zahl derer, die sich nur für die beiden Kurse „Kreatives Schreiben" und „Chor" entscheiden, ist viermal so groß wie die Zahl derer, die an allen drei Kursen teilnehmen.

In welchem Kurs sind die meisten Teilnehmer?

(Lösung Abschn. 31.10)

Teil III
Lösungen

Kapitel 16
... mal was ganz anderes

16.1 Karten ziehen

Auf einem Tisch liegen 26 Karten mit den Zahlen 1 bis 26.

Alfred und Bertram entfernen abwechselnd je eine Karte, bis nur noch zwei Karten auf dem Tisch liegen. Alfred beginnt. Wenn die Summe der letzten beiden Zahlen durch 6 teilbar ist, gewinnt Bertram, ansonsten Alfred.

Wer kann den Sieg erzwingen?

Hinweis: Betrachte die Sechserreste der Zahlen von 1 bis 26.
(Lösung Abschn. 32.1)

16.2 Wahrscheinlich geometrisch

Im Intervall [0; 2] werden zwei beliebige rationale Zahlen x und y ausgewählt. Wie hoch ist die Wahrscheinlichkeit, dass sie auch die Ungleichung $x + y > 1$ erfüllen?

Tipp: Stelle die Menge der Zahlen $x + y > 1$ grafisch dar.
(Lösung Abschn. 32.2)

16.3 Die sieben Zwerge

Am linken Ufer eines Flusses stehen sieben Zwerge, die 1, 2, 3, 4, 5, 6 und 7 kg wiegen. Flussabwärts wartet Schneewittchen auf der anderen Seite auf ihre Kameraden. Die Zwerge können nicht schwimmen. Um über den Fluss zu kommen, steht ihnen ein Boot zur Verfügung, das höchstens 7 kg tragen kann. Jeder der Zwerge

© Der/die Autor(en), exklusiv lizenziert an Springer-Verlag GmbH, DE, ein Teil von
Springer Nature 2023
L. Andrews et al., *Aufgaben und Lösungen der Fürther Mathematik-Olympiade 2017–2022*, https://doi.org/10.1007/978-3-662-66721-7_16

kann beliebig oft flussabwärts als Ruderer eingeteilt werden. Aufgrund der starken Strömung ist es aber anstrengend, flussaufwärts zu rudern. Jeder Zwerg hat nur die Kraft für eine Fahrt flussaufwärts.

Entwickle einen Plan, wie alle Zwerge zu Schneewittchen gelangen können.
(Lösung Abschn. 32.3)

16.4   Viele Würmer

Viola beobachtet im Garten ein Amselpärchen, das Würmer sucht. Ihr Biologielehrer erzählt, dass eine Amsel durchschnittlich sieben Würmer pro Tag frisst. Ein während des Jahres nicht gefressener Wurm überlebt den Winter nicht und legt im Herbst Eier, aus denen im Frühjahr 36 Würmer schlüpfen. Erfahrungsgemäß werden an 270 Tagen im Jahr Würmer gefressen. Bestimme, wie viele Würmer unter diesen vereinfachten Annahmen im Herbst mindestens ihre Eier legen müssen, damit das Amselpaar

a) im kommenden Jahr,
b) in den nächsten beiden Jahren ausreichende Wurmnahrung findet.
c) Entscheide, wie sich die Wurmpopulation entwickelt, wenn in diesem Jahr 108 Würmer Eier legen.

(Lösung Abschn. 32.4)

16.5   Drei Freundinnen

Die drei Freundinnen Anna, Bettina und Christa sind unterschiedlich alt. Von den folgenden vier Aussagen über ihr Alter ist genau eine Aussage falsch.

1) Anna ist älter als Bettina.
2) Christa ist älter als Anna.
3) Christa ist jünger als Bettina.
4) Bettina und Christa sind zusammen doppelt so alt wie Anna.

Finde die falsche Aussage und ermittle, wer von den Mädchen die Jüngste und wer die Älteste ist.
(Lösung Abschn. 32.5)

Kapitel 17
Zahlenquadrate und Verwandte

17.1 L-1.1 Fehlende Zahlen (52613)

Wir bezeichnen mit $(x; y)$ das Feld in Zeile x und Spalte y.

a) In $(1; 6)$ muss eine 2 stehen, da in den Feldern der zugehörigen Diagonale wegen der 2 in $(2; 1)$ und der 2 in $(4; 4)$ keine 2 mehr stehen kann.
   In $(5; 3)$ muss eine 2 stehen, da in der Zeile 5 wegen der 2 in $(2; 1)$, der 2 in $(4; 4)$ und der 2 in $(1; 6)$ keine 2 mehr stehen kann.
b) Siehe Abb. 17.1.

Abb. 17.1 Fehlende Zahlen

6	3	**1**	5	4	2
2	5	3	1	6	4
5	6	4	3	2	**1**
4	1	5	**2**	3	6
3	**4**	2	6	1	5
1	2	6	4	**5**	3

L. Andrews et al., *Aufgaben und Lösungen der Fürther Mathematik-Olympiade 2017–2022*, https://doi.org/10.1007/978-3-662-66721-7_17

17.2   L-1.2 Das magische Kreuz mit der 26 (52621)

Da waagrecht und senkrecht die Summe 36 beträgt und ein Feld doppelt vorkommt, muss die Summe der neun aufeinanderfolgenden Zahlen 72 minus eine dieser Zahlen (kommt doppelt vor) betragen.

Es ist $2 + 3 + \ldots + 9 + 10 = 54$, da $54 = 72 - 18$ und $18 > 10$, sind diese Zahlen nicht möglich.

Wählt man eine kleinere Zahl als Anfangszahl, ist die Summe noch kleiner.

Wegen $3 + 4 + 5 + \ldots + 11 = 63 = 72 - 9$, sind diese Zahlen möglich mit der 9 auf dem Feld in der Mitte, z. B.

waagrecht: 3, 5, 9, 8, 11 senkrecht: 6, 7, 9, 4, 10.

Wegen $4 + 5 + 6 + \ldots + 12 = 72 = 72 - 0$, sind diese Zahlen und auch höhere Zahlen nicht mehr möglich.

17.3   L-1.3 Zwei Rechtecke im 3er-Quadrat (52711)

Wir beziehen uns auf das Spielfeld in Abb. 17.2.

a) $1-2, 2-3, 4-5, 5-6, 7-8, 8-9$ und $1-4, 4-7, 2-5, 5-8, 3-6, 6-9$.
   Somit gibt es 12 Möglichkeiten.

b) Fall 1: Grau liegt auf 1 (also auf $1-2$ bzw. $1-4$), 3, 7, oder 9.
   Dies sind acht Möglichkeiten. In jedem dieser Fälle, z. B. Grau liegt auf $1-2$, gibt es für Schwarz acht Möglichkeiten , z. B. $3-6, 6-9, 4-7, 5-8, 4-5, 5-6, 7-8, 8-9$. Also gibt es im 1. Fall $8 \cdot 8 = 64$ Möglichkeiten.

   Fall 2: Grau liegt auf 5. Dies sind vier Möglichkeiten. In jedem dieser Fälle, z. B. Grau liegt auf $4-5$, gibt es für Schwarz sechs Möglichkeiten, z. B. $1-2, 2-3, 7-8, 8-9, 3-6, 6-9$. Also gibt es im 2. Fall $4 \cdot 6 = 24$ Möglichkeiten.

   Da beide Fälle alle Möglichkeiten erfassen, gibt es insgesamt $64 + 24 = 88$ Möglichkeiten.

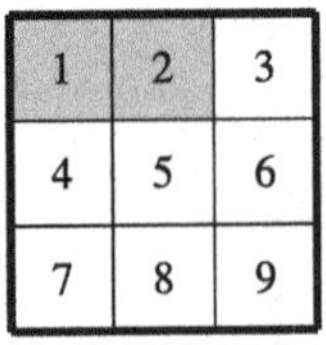

Abb. 17.2 Zwei Rechtecke
im 3er-Quadrat

1	2	3
4	5	6
7	8	9

Abb. 17.3 Zahlen im
Quadrat

4	3	2	1	10
3	2	1	5	11
2	1	5	4	12
1	5	4	3	13
10	11	12	13	

17.4 L-1.4 Zahlen im Quadrat (52721)

a) $10 + 11 + 12 + 13 = 46$, $(2 + 3 + 4) \cdot 3 = 27$, $46 - 27 = 19$ für 7 Felder. Wegen $19 = 3 \cdot 5 + 4 \cdot 1$ kommt die 1 viermal und die 5 dreimal vor.

b) Wegen $1 + 2 + 3 + 4 = 10$ befinden sich 1, 2, 3, 4 in der ersten Zeile und in der ersten Spalte. Auch für 11, 12 und 13 gibt es genau eine Darstellung: $11 = 1 + 2 + 3 + 5$, $12 = 1 + 2 + 4 + 5$, $13 = 1 + 3 + 4 + 5$.
Die Lösung ist in Abb. 17.3 zu sehen.

17.5 L-1.5 Das versteckte Wort (52811)

Bekannt sind die Wörter FMOO, FOMF, MMFO, MOFO, OFOO, OMMF und ÜMOM.

a) In den sieben Wörtern kommen F 7-mal, O 11-mal, Ü einmal und M 9-mal vor. Da in den 16 Feldern durch die acht Wörter jeder Buchstabe zweimal (einmal senkrecht, einmal waagerecht) erfasst wird, muss ihre Anzahl jeweils gerade sein. D. h., es fehlen F, O, Ü und M. Das achte Wort muss deshalb diese Buchstaben enthalten.

b) OFOO kann nicht in der ersten Zeile stehen, da nur ein weiteres Wort mit O beginnt.
OFOO kann auch nicht in der zweiten Zeile stehen, da keines der sieben Wörter ein F an zweiter Stelle hat. Wäre es das achte Wort, müsste ÜMOM das Ü an der zweiten Stelle haben.
OFOO kann auch nicht in der dritten Zeile stehen, da nur FMOO und ÜMOM ein O an der dritten Stelle haben. Daher steht OFOO in der vierten Zeile.

c) Das achte Wort heißt FÜMO (Abb. 17.4).

Abb. 17.4 Das versteckte
Wort

F	O	M	F
Ü	M	O	M
M	M	F	O
O	F	O	O

17.6   L-1.6 Quadratsummen (62812)

a) Eine Möglichkeit zeigt Abb. 17.5 (links).

b) Addiert man die drei Quadratsummen, so werden die beiden mittleren Zahlen 5 und 6 im Beispiel a) doppelt gezählt, da sie jeweils Ecken zweier Quadrate sind. Diese beiden mittleren Zahlen können höchstens 9 und 10 sein, weshalb die Gesamtsumme der drei Quadrate höchstens $(1 + 2 + 3 + 4 + 5 + 6 + 7 + 8 + 9 + 10) + 9 + 10 = 74 < 3 \cdot 25 = 75$ ist. Die Quadratsumme muss also kleiner als 25 sein.

c) Die beiden mittleren Zahlen können höchstens die Werte 1 und 2 annehmen, weshalb die drei Quadratsummen zusammen mindestens den Wert $(1 + 2 + 3 + \ldots + 8 + 9 + 10) + 1 + 2 = 58$ haben. Da 58 kein Vielfaches von 3 ist, müssen in der Mitte größere Zahlen auftreten. Die kleinste durch 3 teilbare Zahl größer als 58 ist 60, weshalb die kleinste Quadratsumme 20 beträgt.
Abb. 17.5 (rechts) zeigt, dass damit auch eine Belegung der Kreise möglich ist.

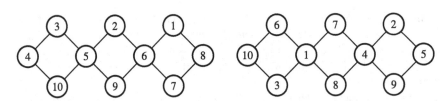

Abb. 17.5 Quadratsummen

Abb. 17.6 Sieben auf fünf
Geraden

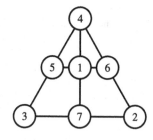

17.7   L-1.7 Sieben auf fünf Geraden (52823)

a) Die Summe der Zahlen 1 bis 7 beträgt 28. Die Zahl an der Spitze sei a. Bilden
   wir die Summe(n) der Zahlen, die auf einer der fünf Geraden liegen, so kommen
   alle Zahlen außer a genau zweimal als Summanden vor. Die Zahl a wird dreimal
   verwendet. Diese Summen haben alle den gleichen Wert S. Addieren wir die fünf
   Summen erhalten wir den Wert $5 \cdot S$. Somit muss gelten: $5 \cdot S = 2 \cdot 28 + a$ bzw.
   $5 \cdot S = 56 + a$. Die rechte Seite muss durch 5 teilbar sein. Da $1 \le a \le 7$ gilt,
   folgt $5 \cdot S = 60$, d. h. $S = 12$.
b) Für a folgt zwangsläufig $a = 4$.
c) Siehe Abb. 17.6.

17.8   L-1.8 Besondere Eckfelder (52921)

Es ist $1 + 2 + 3 + \ldots + 8 = 36$.
Sei S die Summe der vier Eckzahlen: $S = a + b + c + d$.
Dann muss gelten: $4S = 36 + S$, da die Zahlen a, b, c und d in der Summe $4S$ jeweils
zweimal vorkommen. Da 36 durch 4 teilbar ist, muss auch S durch 4 teilbar sein.

In Abb. 17.7 sieht man die Ausgangsituation und jeweils eine Lösung für $S = 12$
und $S = 13$.

a		b
c		d

1	8	3
5		7
6	4	2

$S = 12$

1	8	4
7		3
5	2	6

$S = 13$

Abb. 17.7 Besondere Eckfelder

Abb. 17.8 Das
Fragezeichen

2	4	5	3	1
4	5	3	1	2
5	3	1	2	4
3	1	2	4	5
1	2	4	5	3

17.9 L-1.9 Das Fragezeichen (62921)

a) In jeder Zeile beträgt die Summe $1 + 2 + 3 + 4 + 5 = 15$, im gesamten Quadrat
   $5 \cdot 15 = 75$. Daher ist die Zahlensumme jedes der drei Gebiete $75 \div 3 = 25$.

b) Das mittlere Gebiet enthält 13 Felder, also 13 Zahlen (Der durchschnittliche
   Zahlenwert eines Feldes ist also kleiner als 2, weshalb hier in die Felder möglichst
   kleine Zahlen eingesetzt werden sollten.). In den drei mittleren Zeilen dieses
   Gebiets können nur die Zahlen 1, 2 und 3 vorkommen. In die beiden Felder der
   ersten Zeile passen nur 1 und 3, da die 2 schon ganz links steht. Die Summe
   der oberen vier Zeilen dieses mittleren Gebiets beträgt damit $1 + 3 + 3 \cdot (1 + 2 + 3) = 22$. In der unteren Zeile können nur noch 1 und 2 stehen, damit die
   Gebietssumme 25 erreicht wird. Im Gebiet rechts unten können nur noch in der
   vierten Zeile 4 und 5 stehen, in der fünften Zeile 3, 4 und 5. Die Zahl in der dritten
   Zeile rechts kann wegen der Gebietssumme nur noch 4 sein. Darunter kann in
   der vierten Zeile nur die 5 und darunter nur noch die 3 stehen. Dann kommen alle
   Zahlen in jeder Spalte genau einmal vor. Hinter dem Fragezeichen versteckt sich
   also die Zahl 3.

c) Eine mögliche Verteilung zeigt Abb. 17.8.

17.10   L-1.10 Zeilensummen (53012)

a) Da jede Zeile den Summenwert 99 hat, beträgt die Summe der eingetragenen
   Zahlen $99 \cdot 3 = 297$. Es ist $S = 29 + 30 + 31 + \ldots + 37 = 297$. Da es keine
   andere Summe mit neun aufeinander folgenden Zahlen gibt, kann Paula nur diese
   verwenden.

b) 1. Zeile: $29 + 33 + 37 = 99$
   2. Zeile: $30 + 34 + 35 = 99$
   3. Zeile: $31 + 32 + 36 = 99$.

Abb. 17.9 Teilbarkeitsquadrate

17.11   L-1.11 Teilbarkeitsquadrate (53023)

a) Bezeichnet man die vier Felder mit A_1, A_2, B_1 und B_2 (Abb. 17.9), so müssen in A_2, B_1 und B_2 gerade Zahlen stehen. Sieht man zunächst von der 0 ab, kann man 2, 4, 6 und 8 auf $4 \cdot 3 \cdot 2 = 24$ Möglichkeiten auf diese drei Felder verteilen. Für A_1 bleiben 1, 3, 5, 7, 9 und die restliche gerade Zahl, also sechs Möglichkeiten. Damit erhält man zunächst $24 \cdot 6 = 144$ Möglichkeiten. Berücksichtigt man, dass in B_2 auch eine 0 stehen kann, gibt es für A_2 vier, für B_1 drei Möglichkeiten und für A_1 $(5 + 2 =)7$ Möglichkeiten, also $4 \cdot 3 \cdot 7 = 84$ Möglichkeiten.

Insgesamt gibt es also $144 + 84 = 228$ Quadrate, die durch 2 teilbar sind.

b) Für die Belegung der Felder A_1, A_2, B_1 und B_2 gilt für

$n = 3$: 1, 2, 5, 4;

$n = 4$: 1, 2, 6, 4,

$n = 6$: 1, 2, 8, 4,

$n = 7$: 2, 1, 8, 4.

Nicht möglich sind:

$n = 5$: A_2, B_1 und B_2 müssten 0 oder 5 sein. Damit würde sich eine Zahl wiederholen.

$n > 7$: Die Zahlen $A_1 A_2$ und $A_1 B_1$ haben denselben Zehner.

Für $n = 8$ gibt es nur 80 und 88 (Ziffernwiederholung) bzw. 40 und 48 aber 8 ist kein Teiler von 44.

Für $n = 9$ gibt es nur 90 und 99 (Ziffernwiederholung), also keine Lösung.

Für Zahlen $n > 9$ können $A_1 A_2$ und $A_1 B_1$ nicht denselben Zehner haben.

Kapitel 18
Zahlenspielereien

18.1 L-2.1 Abstand halten (52612)

a) Unter den vier Zahlen 2010, 2014, 2019 und 2023 sucht man diejenigen, für die die Differenz $2 + 7 = 9$ oder $7 - 2 = 5$ oder $7 - 5 = 2$ (tritt nicht auf) beträgt:
   (1) 2019 und 2010, also ist $n = 2012$ oder $n = 2017$.
   (2) 2014 und 2023, also ist $n = 2016$ oder $n = 2021$.
   (3) 2014 und 2019, also ist $n = 2012$ oder $n = 2021$.
   n kann also die Werte 2012, 2016, 2017 und 2021 annehmen.
b) Mögliche Abstände zweier Zahlen sind: 4, 5, 9 und 13.
   Liegt n zwischen zwei dieser Zahlen, muss ihre Entfernung 4, 8, 12, ... betragen.
   D. h. $n = 2010 + 1 = 2011 = 2014 - 3$ oder $n = 2010 + 3 = 2013 = 2014 - 1$ oder $n = 2019 + 1 = 2020 = 2023 - 3$ oder $2019 + 3 = 2022 = 2023 - 1$.
   Ist n kleiner oder größer als die beiden Zahlen, muss ihre Entfernung 2, 4, 6, ... betragen.
   D. h. $n = 2010 - 2 = 2008 = 2014 - 6$ oder $2010 + 6 = 2016 = 2014 + 2$ oder $n = 2019 - 2 = 2017 = 2023 - 6$ oder $2019 + 6 = 2025 = 2023 + 2$.
   Lösungen für n sind also 2008, 2011, 2013, 2016, 2017, 2020, 2022 und 2025.

18.2 L-2.2 Dreistellige Zebra-Zahlen (62612)

a) Dreistellige Zebra-Zahlen haben die Form $\overline{aba}$ mit $a, b \in \mathbb{N}$; $0 < a < 10$; $0 \leq b < 10$; $a \neq b$.
   Damit gibt es für a und b jeweils 9 Möglichkeiten.
   Also beträgt die Anzahl der dreistelligen Zebra-Zahlen $9 \cdot 9 = 81$.
b) Es ist die Summe $S = 101 + 121 + 131 + \ldots + 202 + 212 + \ldots + 969 + 979 + 989$ zu ermitteln.
   Um diese Summe der 81 Zahlen zu erhalten, machen wir es wie der kleine Carl Friedrich Gauss.

© Der/die Autor(en), exklusiv lizenziert an Springer-Verlag GmbH, DE, ein Teil von Springer Nature 2023
L. Andrews et al., *Aufgaben und Lösungen der Fürther Mathematik-Olympiade 2017–2022*, https://doi.org/10.1007/978-3-662-66721-7_18

Dazu sortieren wir die Summanden um.

Es sei $S' = (101 + 989) + (121 + 979) + (131 + 969) + \ldots + (535 + 565) + (545 + 545)$.

Das sind 41 Paare von denen 5 die Summe 1 090 haben, nämlich $(101 + 989), (212 + 878), (323 + 767), (434 + 656), (545 + 545)$.

Die restlichen $41 - 5 = 36$ Paare haben die Summe 1 100 (z. B. $121 + 979$).

Also gilt für die gesuchte Summe $S = 5 \cdot 1\,090 + 36 \cdot 1\,100 - 545 = 5\,450 + 39\,600 - 545 = \mathbf{44\,505}$.

(Die 545 wurde doppelt gezählt und muss also einmal abgezogen werden.)

Eine andere Lösung könnte so aussehen:

Idee: Jede Einerziffer E kann mit 9 verschiedenen Zehnerziffern Z ($Z \neq E$!) kombiniert werden und jedes Z mit 8 Einerziffern ($E \neq Z$ und $E \neq 0$). Damit gilt:

Summe der Einer: $1 \cdot 9 + 2 \cdot 9 + \ldots + 9 \cdot 9 = (1 + 2 + \ldots + 9) \cdot 9 = 45 \cdot 9 = 405$,

Summe der Hunderter: $(1 \cdot 9 + 2 \cdot 9 + \ldots + 9 \cdot 9) \cdot 100 = 405 \cdot 100 = 40\,500$,

Summe der Zehner: $(0 \cdot 8 + 1 \cdot 8 + 2 \cdot 8 + \ldots + 9 \cdot 8) \cdot 10 = 45 \cdot 8 \cdot 10 = 3\,600$.

Gesamtsumme: $405 + 3\,600 + 40\,500 = \mathbf{44\,505}$

18.3   L-2.3 Besonders einsame Zahlen (52622)

Es gibt acht Dreierblöcke mit 0 und 1: 000, 001, 010, 011, 100, 101, 110 und 111. Daraus lässt sich die größte einsame, 3er-blockfreie Zahl zusammensetzen: 1 110 100 011. Darin kommen alle acht Dreierblöcke vor, mehr als zehn Stellen sind deshalb nicht möglich.

An 4. Stelle kann keine 1 auftreten, andernfalls würde sich 111 wiederholen.

An 6. Stelle kann keine 1 auftreten, andernfalls würde sich bei 111 011 mit 0 oder 1 an der 7. Stelle ein Block (110 oder 111) wiederholen.

An 7. Stelle kann keine 1 auftreten, andernfalls würde sich bei 1 110 101 der Block 101 wiederholen.

An 8. Stelle kann keine 1 auftreten, da bereits alle Blöcke mit 1 am Anfang (111, 110, 101 und 100) bereits in 11 101 001 enthalten sind und deshalb die gesuchte Zahl nur neun Stellen hätte.

Also heißt die größte der von Anja betrachteten Zahlen 1 110 100 011.

18.4   L-2.4 Zahlensuche (62623)

Wegen der Bedingung (4) muss mindestens eine der Zahlen vierstellig sein.

Angenommen a und b seien beide vierstellig. Dann müssen sie wegen (4) und (2) mit 2 beginnen. Wegen (3) gilt zudem $a = \overline{2x2x}$ und $b = \overline{2x2x}$.

Wegen (1) kann das nicht sein. Somit können nicht beide Zahlen vierstellig sein. Die kleinere der beiden Zahlen ist höchstens dreistellig. Wegen (1) ist a die vierstellige Zahl.

Es sei nun $a = \overline{4z4z} = 4\,040 + 101z$. (*)

Wäre die Zahl b einstellig, müsste es die 4 sein, da a und b mit der selben Ziffer beginnen.

Dann gilt $a + b = 4\,777 = 4\,040 + 101z + 4$

Also $733 = 101z$. Dafür gibt es keine Lösung in natürlichen Zahlen.

Wäre die Zahl b zweistellig, müsste sie die Form die $\overline{4z}$ haben. (wegen (2) und (3))

Dann wäre $a + b = 4\,777 = 4\,040 + 101z + 40 + z$ also

$697 = 102z$. Dafür gibt es keine Lösung in natürlichen Zahlen.

Also ist die Zahl b dreistellig. Es gilt dann $b = \overline{4z4} = 404 + 10z$ (wegen (3) und (*))

Also gilt $4\,777 = 4\,040 + 101z + 404 + 10z$, d. h. $333 = 111z \Rightarrow z = 3$.

Daraus folgt $a = 4\,343$ und $b = 434$.

Probe:

(1) $4\,343 > 434$

(2) Beide Zahlen beginnen mit der selben Ziffer, nämlich 4.

(3) $4\,343\,434$ ist eine Zebra-Zahl.

(4) $4\,343 + 434 = 4\,777$

18.5 L-2.5 Zahlen streichen (52712)

a) Anja muss am Anfang die 3 streichen. Nimmt Iris 1, nimmt Anja 5, es bleiben $2 + 4$. Nimmt Iris 2, nimmt Anja 1, es bleiben $4 + 5$. Nimmt Iris 4, nimmt Anja 5, es bleiben $1 + 2$. Nimmt Iris 5, nimmt Anja 1, es bleiben $2 + 4$. Es verbleibt stets eine durch 3 teilbare Summe. Nimmt Anja am Anfang 1 bzw. 2 bzw. 4 bzw. 5, nimmt Iris 4 bzw. 5 bzw. 1 bzw. 2. Es verbleiben jeweils $2, 3, 5$ bzw. $1, 3, 4$ bzw. $2, 3, 5$ bzw. $1, 3, 4$, d. h. Anja verliert in diesen Fällen.

b) Es gewinnt Iris. Nimmt Anja die 2, kann Iris beliebig $1, 3$ oder 4 auswählen. Nimmt Anja nicht die 2, streicht Iris die 2 und es verbleiben $1 + 3$, $1 + 4$ oder $3 + 4$, also keine durch 3 teilbare Summe.

18.6 L-2.6 Besondere Summenwerte (52713)

a) An $2\,018$te Stelle steht die Summe $2\,018 + 2\,019 = 4\,037$.

b) Da alle ungeraden Zahlen größer als 1 auftreten, sind die ersten sechs auftretenden Quadratzahlen die Zahlen (1) $3^2 = 9$, (2) $5^2 = 25$, (3) $7^2 = 49$, (4) $9^2 = 81$, (5) $11^2 = 121$, (6) $13^2 = 169$.

Wegen $3 = 1 \cdot 2 + 1$, $5 = 2 \cdot 2 + 1$, $7 = 3 \cdot 2 + 1$, $9 = 4 \cdot 2 + 1$, $11 = 5 \cdot 2 +$ 1 erkennt man, dass die 20. dieser Quadratzahlen $(20 \cdot 2 + 1)^2 = 41^2 = 1681$ sein muss.

c) Nach diesem Muster heißt die 2 018te Quadratzahl $(2\,018 \cdot 2 + 1)^2 = 4\,037^2 =$ 16 297 369 Wegen $16\,297\,369 = 8\,148\,684 + 8\,148\,685$ steht sie an der 8 148 684ten Stelle der Ausgangsfolge.

18.7   L-2.7 Das Produkt FüMO (52722)

a) Wäre E, O oder U gleich 5, würde die 0 auftreten oder die 5 zweimal auftreten, also ist $E, O, U \neq 5$.
Da $U \neq O$ ist $E \neq 1$, also mindestens 2, d. h. $M > 1$. Da $M \leq 5$ und $E \geq 2$, ist $F \leq 2$, also $F \neq 5$. Damit ist $M = 5$. Wäre $F = 2$, ist (wegen $M = 5$) $E < 3$, also $E = 2$, was nicht möglich ist.
Also bleibt $F = 1$. Wäre $O = 3$ oder 4, ergäbe $U \cdot E = 2 \cdot 3 = 6 \neq O$ oder $U \cdot E = 2 \cdot 4 = 8 \neq O$, also bleibt $O = 2$.
Wäre $U = 4$, bleibt $E = 3$, was wegen $14 \cdot 3 = 42$ nicht geht ($M = 5$). Also ist $U = 3$ und $E = 4$.
Man erhält als einzige Lösung: $13 \cdot 4 = 52$.

b) Da $M \leq 9$ ist $2 \leq F \leq 4$.
Sei $F = 2$, dann ist $3 \leq E \leq 4$.
$23 \cdot 4 = 92$ (f), $24 \cdot 3 = 72$ (f), $26 \cdot 3 = 78$ (w), $27 \cdot 3 = 81$ (f), $28 \cdot 3 = 83$ (f), $29 \cdot 3 = 87$ (w).
Sei $F = 3$ oder 4, dann ist $E = 2$; $U \neq 5$, da sonst die 0 auftreten oder die 5 zweimal auftreten würde.
$34 \cdot 2 = 68$ (w), $36 \cdot 2 = 72$ (f), $37 \cdot 2 = 74$ (f), $38 \cdot 2 = 76$ (w), $39 \cdot 2 = 78$ (w), $29 \cdot 3 = 87$ (w), $43 \cdot 2 = 86$ (w), $46 \cdot 2 = 92$ (f), $47 \cdot 2 = 94$ (f), $48 \cdot 2 = 96$ (w), $49 \cdot 2 = 98$ (f).
Damit gibt es 8 Lösungen.

18.8   L-2.8 Gestrichene Zahlen (62723)

a) Da vier Zahlen gestrichen werden, sind es noch 15 Zahlen. Die Summe dieser verbleibenden Zahlen muss deshalb $15 \cdot 9{,}6 = 144$ betragen. Für die Summe der Zahlen von 1 bis 19 erhält Linda $1 + 2 + \ldots + 19 = \frac{19 \cdot 20}{2} = 190$. Wegen $190 - 144 = 46$ muss Linda vier Zahlen gestrichen haben, deren Summe 46 beträgt. Wegen $46 \div 4 = 11{,}5$ müssen dies die Zahlen 10, 11, 12 und 13 sein.

b) Die Summe der verbliebenen 10 Zahlen ist $10 \cdot 9{,}6 = 96$. Also beträgt die Summe aller gestrichenen Zahlen $190 - 96 = 94$. Damit ist die Summe der zuletzt gestrichenen fünf Zahlen $94 - 46 = 48$. Da es für $48 - 1 = 47$ eine Zerlegung in vier Zahlen aus 2, ..., 9, 14, ..., 19 gibt, z. B. $47 = 2 + 14 + 15 + 16$, kann die Zahl 1 unter den gestrichenen Zahlen gewesen sein.

c) Nein, es geht nicht.

Begründung: Sei S die Summe der gestrichenen fünf Zahlen, dann müsste gelten $(1 + 2 + \ldots + 19 - S) \div (19 - 5) = 9,6$, d. h. $(190 - S) \div 14 = 9,6$. Da $14 \cdot 9,6 = 134,4$ im Gegensatz zu $(190 - S)$ nicht ganzzahlig ist, kann es eine solche Summe S nicht geben.

Bemerkung: Aus der Lösung geht hervor, dass die Antwort auch für fünf Zahlen gilt, die nicht notwendig aufeinanderfolgen.

18.9 L-2.9 Distante Zahlen (52812)

a) Die kleinste fünfstellige distante Zahl ist $13\,020$, die größte $97\,979$.

b) Wir bestimmen die Anzahl der nicht distanten zweistelligen Zahlen. Nicht distant sind alle Vielfachen von 11, also $11, 22, \ldots, 99$ (neun Zahlen) sowie deren Vorgänger, also $10, 21, \ldots, 98$ (neun Zahlen) und deren Nachfolger, also $12, 23, \ldots, 89$ (acht Zahlen). Es gibt 90 zweistellige Zahlen. Also gibt es $90 - 26 = 64$ distante zweistellige Zahlen.

18.10 L-2.10 FüMO macht Spass (62811)

Es ist $1 + 2 + 3 + 4 + 5 + 6 + 7 = 28$, also auch $F + \ddot{U} + M + O + S + P + A = 28$, weshalb $(F + \ddot{U} + M + O + S + P + A) + S + S = 28 + S + S$ gilt. Da die linke Gleichungsseite $L = F + \ddot{U} + M + O$ genauso groß ist wie die rechte Seite $R = S + P + A + S + S$, ist jede Seite halb so groß wie $28 + S + S$, also $L = 14 + S(= R)$.

a) Wenn R möglichst groß sein soll, muss S möglichst groß gewählt werden.

Für $S = 7$ hätte L den Wert $14 + 7 = 21$, aber $R = 7 + P + A + 7 + 7$ wäre sicher größer als 21, da P und A mindestens 1 und 2 als Wert haben. S kann also nicht 7 sein.

Wenn $S = 6$ ist, gilt $L = 14 + 6 = 20$, aber R hätte mindestens den Wert $6 + 1 + 2 + 6 + 6 = 21$, weshalb S auch nicht 6 sein kann.

Für $S = 5$ ist $L = 14 + 5 = 19$ und $R = 5 + P + A + 5 + 5 = 15 + P + A$.

Wenn $P + A = 4$ (z. B. $P = 1$ und $A = 3$) hätte die rechte Seite den Wert 19 und die linke Seite entspricht der Summe der noch nicht verwendeten Zahlen, also $2 + 4 + 6 + 7 = 19$. Eine Lösung lautet daher $2 + 4 + 6 + 7 = 5 + 1 + 3 + 5 + 5$.

b) Wegen $2 + 3 + 4 + 5 + 6 + 7 + 8 = 35$ ist die Summe der beiden Seiten $(F + \ddot{U} + M + O + S + P + A) + S + S$ gleich $35 + S + S$ ungerade, weshalb beide Seiten als natürliche Zahlen nicht gleich sein können.

18.11   L-2.11 Die Zebra-Zahl 2 020 (52822)

1. Fall z ist dreistellig.

   $2\,020 + aba = 2aba$, daraus folgt, dass $b = 0$ und $a \neq 0$ und $a \neq 3$ sein muss, also $z = 101, 303, 404, 505, \ldots 909$. Das sind acht Zebra-Zahlen z.

2. Fall z ist vierstellig.

   $2\,020 + baba = caca$, daraus folgt, dass $c = b + 2 < 10$ und $a \neq c$ und $a \neq b$ sein muss.

   Also ist $z = 1\,010, 2\,020, \ldots, 7\,070$ bzw. $z = 2\,121, 3\,131, \ldots, 7\,171$ bzw. $z = 1\,212, 3\,232, \ldots, 7\,272$, bzw. $\ldots$ bzw. $z = 1\,919, 2\,929, \ldots, 6\,969$.

   Das sind $7 + 6 + 6 + \ldots + 6 = 7 + 9 \cdot 6 = 61$ Zebra-Zahlen.

3. Fall z ist fünfstellig.

   $2\,020 + ababa = acaca$, daraus folgt, dass $c = b + 2 < 10$ und $a \neq c, a \neq 0$ und $a \neq b$ sein muss.

   Also ist $z = 10\,101, 30\,303, 40\,404, \ldots, 90\,909$ bzw. $z = 21\,212, 41\,414, 51\,515, \ldots, 91\,919$ bzw. $z = 12\,121, 32\,323, 52\,525, 62\,626, 72\,727, \ldots, 92\,929$ bzw. $\ldots$ bzw. $z = 17\,171, 27\,272, \ldots, 57\,575, 67\,676, 87\,878$.

   Das sind $8 + 7 + 7 + \ldots + 7 = 8 + 7 \cdot 7 = 57$ Zebra-Zahlen.

Da für z eine andere Stellenzahl nicht möglich ist, gibt es $8 + 61 + 57 = 126$ Zebra-Zahlen, die zu 2 020 addiert wieder eine Zebra-Zahl ergeben.

18.12   L-2.12 Nicht folgsam (62821)

Es gibt bis 2 020 genau 44 folgsame Zahlen, nämlich $2 = 1 \cdot 2$ bis $1\,980 = 44 \cdot 45$. Die neue Liste umfasst also $2\,020 - 44 = 1\,976$ Zahlen.

a) Bis 28 werden vier Zahlen gestrichen, nämlich 2, 6, 12 und 20. Somit steht die Zahl 28 an Stelle 24 der neuen Liste. Die letzte folgsame Zahl vor 2 020 ist $1\,980 = 44 \cdot 45$, d. h. es gibt keine weiteren folgsamen Zahlen zwischen 1 981 und 2 020. Da die neue Liste 1 976 Zahlen umfasst, steht die Zahl 2 000 an $1\,976 - 20 = 1\,956$ten Stelle.

b) 1 000 liegt zwischen den folgsamen Zahlen $31 \cdot 32 = 992$ und $32 \cdot 31 = 1\,056$. Es wurden also bis 1 055 31 Zahlen gestrichen. Somit steht an der 1 000ten Stelle der neuen Liste die Zahl 1 031.

18.13   L-2.13 Zebra-Zahlen mit der Quersumme 2 020 (52912)

a) Die Zahl hat doppelt so viele Stellen wie sie die 1 enthält. Sie hat also 4 040 Stellen.

b) $2\,020 = 2 \cdot 2 \cdot 5 \cdot 101$. Die Zahl hat die Form $a1a1\ldots a1$, d.h. $a + 1$ muss ein Teiler von 2 020 sein.

$a + 1 = 2 \Rightarrow a = 1$ keine Lösung; $a + 1 = 4 \Rightarrow a = 3$, d.h. $3131\ldots31$ mit $(2\,020 \div 4) \cdot 2 = 1\,010$ Stellen;

$a + 1 = 5 \Rightarrow a = 4$, d.h. $4141\ldots41$ mit $(2\,020 \div 5) \cdot 2 = 808$ Stellen;

$a + 1 = 10 \Rightarrow a = 9$, d.h. $9191\ldots91$ mit $(2\,020 \div 10) \cdot 2 = 404$ Stellen.

c) Endziffer $1 \Rightarrow 2\,020 - 1 = 2\,019$; $2\,019 = 1 \cdot 3 \cdot 673$.

(1) $1010\ldots101(2\,019 \cdot 2 + 1 = 4039$ Stellen), (2) $12121\ldots21(673 \cdot 2 + 1 = 1\,347$ Stellen). Keine weitere Lösung.

18.14   L-2.14 Trillige Zahlen (62912)

a) Für die Zahlen $1, 2, \ldots, 9$ gibt es sieben Möglichkeiten, drei Zahlen aufeinanderfolgen zu lassen: 123, 234, 345, 456, 567, 678 und 789. Zu jeder dieser sieben Möglichkeiten gibt es jeweils sechs Möglichkeiten die drei Zahlen zu vertauschen, z.B. 123, 132, 213, 231, 312, 321. Also gibt es insgesamt $6 \cdot 7 = 42$ trillige Zahlen.

b) Wegen $312 + 675 = 987$ ist 987 die größte solche Zahl. Die kleinste solche Zahl ist $345 = 132 + 213$.

c) Wegen b) muss eine solche Zahl größer oder gleich 345 sein, aber auch bei 423 und 432 gibt es wegen der $2 = 1 + 1$ keine trilligen Summanden. Es gilt

$$354 = 123 + 231,\ 534 = 321 + 213,\ 564 = 321 + 243,\ 654 = 312 + 342,$$
$$345 = 132 + 213,\ 543 = 312 + 231,\ 546 = 312 + 234,\ 645 = 321 + 324,$$
$$435 = 312 + 123,\ 453 = 321 + 132,\ 456 = 243 + 213,\ 465 = 231 + 234.$$

Damit lassen sich genau 12 trillige Zahlen, die die Ziffer 4 enthalten, als Summe zweier trilliger Zahlen darstellen.

18.15   L-2.15 Eigenschaften von 2 021 (52922)

a) Man betrachtet zuerst alle zweistelligen Zahlen, die durch 5 teilbar sind: 10, 15, $20, \ldots, 95$ (1). Dies sind 18 Möglichkeiten für die ersten zwei Stellen. Nun betrachtet man alle zweistelligen Zahlen, die durch 7 teilbar sind: $14, 21, 28, \ldots, 98$ (2). Dies sind 13 Möglichkeiten für die letzten zwei Stellen.

Also gibt es $13 \cdot 18 - 1 = 233$ Zahlen außer 2 021 mit den geforderten Eigenschaften

b) Bei Division durch 3 haben

den Rest 0:   Von (1): die Zahlen 15, 30, 45, 60, 75, 90.
              Von (2): die Zahlen 21, 42, 63, 84
den Rest 1:   Von (1): die Zahlen 10, 25, 40, 55, 70, 85.
              Von (2): die Zahlen 28, 49, 70, 91
den Rest 2:   Von (1): die Zahlen 20, 35, 50, 65, 80, 95.
              Von (2): die Zahlen 14, 35, 56, 77, 98

Die vierstellige Zahl ist durch 3 teilbar, wenn ihre Quersumme durch 3 teilbar ist, d. h. wenn die Summe der Quersumme aus erster Zahl und der Quersumme aus der zweiten Zahl durch 3 teilbar ist. Damit gibt es von den obigen 233 Zahlen, $6 \cdot 4 + 6 \cdot 4 + 6 \cdot 5 = 78$ Zahlen, die durch 3 teilbar sind.

18.16   L-2.16 Folgsame Summen (62922)

a) Fasst man den ersten und letzten Summanden, dann den zweiten und vorletzten usw. zu einer Summe zusammen, so ergibt sich

$$S = (-3 + 150) + (-2 + 149) + \ldots + (73 + 74) = 77 \cdot 147 = 11\,319.$$

Die Summe besteht aus $154 \div 2 = 77$ Summanden mit dem Wert 147.

b) Wenn man die in a) angedeutete Regel: „S ist die Hälfte des Produktes der Summe aus kleinstem und größtem Summanden mit der Anzahl der Summanden." benutzt, kann man auch zeigen, dass es genau sieben folgsame Summen gibt. (Die obige Regel gilt auch bei ungerader Anzahl von Summanden! Beim Klammern bleibt ein mittlerer Summand übrig, welcher der halbe Klammerwert ist. Probiere es aus!

Nun zur Aufgabe: Für den Summenwert gilt: $15 = S = 30 \div 2$.

Die Anzahl n der Summanden ist nach obiger Regel ein Teiler (> 1) von 30. Zu jedem n gibt es genau einen Klammerwert ($= 30 \div n$) und daher eine folgsame Summe:

$n = 2 : S = 7 + 8 = 15$

$n = 3 : S = 4 + 5 + 6 = (4 + 6) + 5 = 15$

$n = 5 : S = 1 + 2 + 3 + 4 + 5 = (1 + 5) + 3 + (2 + 4) = 6 + 3 + 6 = 15$

$n = 6 : S = 0 + 1 + 2 + 3 + 4 + 5 = (0 + 5) + (1 + 4) + (2 + 3) = 3 \cdot 5 = 15$

$n = 10 : S = (-3) + (-2) + \ldots + 5 + 6 = 5 \cdot 3 = 15$

$n = 15 : S = (-6) + (-5) + \ldots + 7 + 8 = 7 \cdot 2 + 1 = 15$

$n = 30 : S = (-14) + (-13) + \ldots + 14 + 15 = 15 \cdot 1 = 15$

18.17   L-2.17 Besondere Summen (53021)

a) Für $S = 15$ erhalten wir $1 + 2 + 3 + 4 + 5 = 15$ und $7 + 8 = 15$.
   Für $S = 21$ erhalten wir $1 + 2 + 3 + 4 + 5 + 6 = 21$ und $6 + 7 + 8 = 21$.
b) Es gilt $105 = 3 \cdot 5 \cdot 7$. Es gibt fünf Summen, nämlich

$$S = 105 = 52 + 53 = 34 + 35 + 36 = 19 + 20 + 21 + 22 + 23$$
$$= 12 + 13 + 14 + 15 + 16 + 17 + 18$$
$$= 1 + 2 + 3 + \ldots + 7 + \ldots + 13 + 14.$$

c) Ja, solch eine Summe gibt es, nämlich $S = 2\,022 = 3 \cdot 674 = 673 + 674 + 675$.

18.18   L-2.18 Arithmetische Mittel (53022)

a) Das Arithmetische Mittel von n Zahlen ist der Durchschnitt oder Mittelwert dieser n Zahlen und wird berechnet, indem man den Summenwert der n Zahlen durch n dividiert.
b) Die Abb. 18.1 zeigt zwei Lösungen.
c) Steht in der Spitze eine 6, kann darunter nur 9 und 3, 8 und 4 oder 7 und 5 stehen.
   9 und 3: Die 9 kann nicht der Mittelwert von kleineren Ziffern sein.
   8 und 4: 8 als Mittelwert kann man nur mit 9, 8 und 7 erreichen. Die 8 wäre doppelt. Dies widerspricht der Aufgabenstellung.
   7 und 5: Für den Mittelwert 7 kann man die Ziffern 9, 8 und 4 verwenden. Damit bleiben die Ziffern 1, 2 und 3, deren Mittelwert 2 und nicht 5 ist.
   Damit ist gezeigt, dass die Zahl 6 nicht an der Spitze stehen kann.

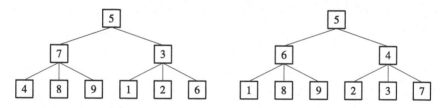

Abb. 18.1 Arithmetische Mittel

Kapitel 19
Geschicktes Zählen I

19.1 L-3.1 Erbsenzählerei (62713)

a) In der ersten Runde erhält jeder Topf eine Erbse, in der zweiten nur noch Töpfe
   mit gerader Nummer, in der dritten Runde nur Töpfe, deren Nummer durch drei
   teilbar sind. Der Topf 24 erhält also nur in den Runden eine Erbse, wenn die
   Rundenzahl ein Teiler von 24 ist. Der Topf 24 bekommt daher nur in den Runden
   1, 2, 3, 4, 6, 8, 12 und 24 je eine Erbse, also genau 8 Erbsen.

b) Es kommt nur dann eine Erbse in den Topf, wenn die Rundenzahl ein Teiler der
   Topfnummer ist. Liegen nur zwei Erbsen in einem Topf, muss seine Nummer
   eine Primzahl sein, denn nur diese haben genau zwei Teiler:
   2, 3, 5, 7, 11, 13, 17, 19, 23, 29, 31, 37, 41, 43, 47, 53, 59, 61, 67, 71, 73, 79,
   83, 89, 97, 101, 103, 107, 109, 113, 127, 131, 137, 139, 149, 151, 157, 163,
   167, 173, 179, 181, 191, 193, 197, 199.
   Also liegen in 46 Töpfen genau zwei Erbsen.

c) Normalerweise hat jede Zahl eine gerade Anzahl von Teilern, nur Quadratzahlen
   besitzen eine ungerade Anzahl von Teilern. Daher erhalten alle Töpfe mit qua-
   dratischer Nummer $(1, 4, 9, 16, \dots)$ eine ungerade Anzahl von Erbsen.
   Im Bereich bis 200 ist $196 = 14^2$ die größte Quadratzahl ($15^2 = 225$ ist zu groß!).
   Daher enthalten nur die 14 Töpfe $1, 4, 9, \dots, 196$ eine ungerade Anzahl von Erbsen.

19.2 L-3.2 Geschachtelte Rechtecke (52813)

a) Wir finden Rechtecke aus
   einem Teil: 1, 3, 5, 6, 7, 8, 9, 10, 11 (9)
   zwei Teilen: 1 3, 2 5, 3 6, 4 7, 5 6, 5 8, 6 9, 6 7, 7 10, 8 9, 9 10, 9 11 (12)
   drei Teilen: 1 3 6, 3 6 9, 5 6 7, 6 9 11, 8 9 10 (5)
   vier Teilen: 1 3 6 9, 2 3 5 6, 3 4 6 7, 3 6 9 11, 5 6 8 9, 6 7 9 10 (6)

© Der/die Autor(en), exklusiv lizenziert an Springer-Verlag GmbH, DE, ein Teil von
Springer Nature 2023
L. Andrews et al., *Aufgaben und Lösungen der Fürther Mathematik-Olympiade 2017–
2022*, https://doi.org/10.1007/978-3-662-66721-7_19

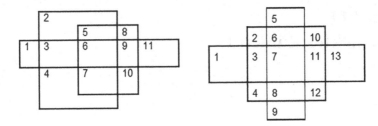

Abb. 19.1 Geschachtelte Rechtecke

fünf Teilen:1 3 6 9 11 (1)
sechs Teilen: 2 3 4 5 6 7, 5 6 7 8 9 10 (2)
Also finden wir 34 Rechtecke (Abb. 19.1 links).
b) Wir finden Rechtecke aus
einem Teil: 1 bis 13 (13)
zwei Teilen: 1 3, 2 3, 2 6, 3 4, 3 7, 4 8, 5 6, 6 7, 6 10, 7 8, 7 11,8 9,8 12, 10 11, 11 12, 11 13 (16)
drei Teilen: 1 3 7, 2 3 4, 2 6 10, 3 7 11, 4 8 12, 5 6 7, 6 7 8, 7 8 9, 7 11 13, 10 11 12 (10)
vier Teilen: 1 3 7 11, 2 3 6 7, 3 4 7 8, 3 7 11 13, 5 6 7 8, 6 7 8 9, 6 7 10 11, 7 8 11 12, (8)
fünf Teilen: 1 3 7 11 13, 5 6 7 8 9 (2)
sechs Teilen: 2 3 4 6 7 8, 2 3 6 7 10 11, 3 4 7 8 11 12, 6 7 8 10 11 12 (4)
neun Teilen: 2 3 4 6 7 8 10 11 12 (1)
Also finden wir $13 + 16 + 10 + 8 + 2 + 4 + 1 = 54$ Rechtecke (Abb. 19.1 rechts).

19.3   L-3.3 K-Diagonalen (52821)

a) Wir betrachten Abb. 19.2.
Von links oben nach rechts unten gibt es 6 K-Diagonalen.
Von rechts oben nach links unten gibt es ebenso viele, also insgesamt 12 K-Diagonalen
b) In einem 10×20-Rechteck gibt es von links oben nach rechts unten $(10 - 2) + 1 + (20 - 2) = 27$ K-Diagonalen, von rechts oben nach links unten ebenso viele, also insgesamt 54 K-Diagonalen.
c) In einem $2\,019 \times 2\,020$-Rechteck gibt es von links oben nach rechts unten $(2\,020 - 2) + 1 + (2\,019 - 2) = 2\,018 + 1 + 2\,017 = 4\,036$ K-Diagonalen, von rechts oben nach links unten ebenso viele, also insgesamt $8\,072$ K-Diagonalen.

Abb. 19.2 K-Diagonalen

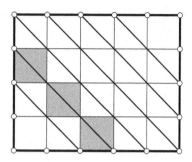

19.4   L-3.4 Zickzack-Wege (52911)

a) Da Kim von einem mittleren Feld immer zu einem Randfeld und danach wieder zu einem mittleren Feld hüpft, erreicht sie nur beim 2., 4., 6., 8. und 10. Schritt ein mittleres Feld, aber nicht nach elf Schritten.

b) Von jedem Randfeld aus gibt es nur eine Schrittmöglichkeit. Von jedem mittleren Feld aus hat sie zwei Möglichkeiten.
dem Zählprinzip gibt es hier $1 \cdot 2 \cdot 1 \cdot 2 \cdot 1 \cdot 2 \cdot 1 \cdot 2 \cdot 1 \cdot 2 \cdot 1 = 2^5 = 32$ verschiedene Wege.

c) Beim Start im rechten Feld gibt es wie in a) 32 Wege. Beginnt Kim in der Mitte, so gibt es nun $2 \cdot 1 \cdot 2 \cdot 1 \cdot 2 \cdot 1 \cdot 2 \cdot 1 \cdot 2 \cdot 1 \cdot 2 = 2^6 = 64$ Wege, insgesamt also $32 + 64 + 32 = 128$ verschiedene Hüpfwege.

Kapitel 20
Was zum Tüfteln

20.1 L-4.1 Wie geht's? (52611)

a) Die Summe in den Vierecken beträgt minimal jeweils 14.
   Es ist $14 = 1 + 6 + 5 + 2 = 1 + 6 + 3 + 4 = 3 + 4 + 2 + 5$ (Abb. 20.1).
b) Da die Summe des linken Dreiecks genauso groß sein soll wie die Summe des rechten Dreiecks, muss die Summe aller einzutragenden Zahlen gerade sein.
   Jede Summe von sechs aufeinanderfolgenden Zahlen ist aber ungerade, da sie drei gerade Zahlen und drei ungerade Zahlen enthält.
   Die Summe der sechs aufeinanderfolgende ganze Zahlen $n, n+1, n+2, n+3, n+4, n+5$ mit $n \in \mathbf{N}_0$ beträgt nämlich $6n + 15 = 2(3n + 7) + 1$, ist also eine ungerade Zahl.

20.2 L-4.2 Würfelgerüst (62711)

Feststellung: Bei gewöhnlichen Spielwürfeln ist die Summe der Augenzahlen von gegenüberliegenden Flächen stets $7(= 1 + 6 = 2 + 5 = 3 + 4)$. Ein Würfel hat die Augensumme $1 + 2 + 3 + 4 + 5 + 6 = 21$, die 20 verwendeten Würfel (Abb. 4.2) haben (ohne Verklebungen) die Augensumme $20 \cdot 21 = 420$.

Abb. 20.1 Wie geht's?

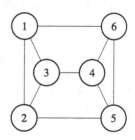

Bei jedem mittleren Würfel einer Kante sind zwei Seiten mit Augensumme 7 verklebt. Da die angeleimten Flächen jeweils gleiche Augenzahlen haben, ist bei jeder Kante von drei Würfeln die Augensumme $2 \cdot 7 = 14$ unsichtbar.

Der Würfel hat zwölf solcher Kanten, weshalb insgesamt $12 \cdot 14 = 168$ Augen nicht zu sehen sind.

Damit sind noch $420 - 168 = 252$ als Augensumme auf den nicht verklebten 72 Flächen sichtbar.

20.3   L-4.3 Eine rätselhafte Division (62721)

a) Die erste Ziffer des Ergebnisses ist 7 und das 7-Fache des Divisors ist zweistellig. Weil $7 \cdot 15 = 105$ zu groß ist, muss der Divisor kleiner als 15 sein. Die letzte Ergebnisziffer mal dem Divisor endet mit der ungeraden Ziffer 5, weshalb die letzte Ziffer und der Divisor ungerade sein müssen. (Als Divisor sind nur noch die Zahlen 11 und 13 möglich!)

b) Der Divisor kann nicht 11 sein, da die zweite Ergebnisziffer multipliziert mit dem Divisor dreistellig ist und $9 \cdot 11 = 99$ noch immer zweistellig ist. Der Divisor lautet damit 13. Die letzte Ergebnisziffer kann nur 5 lauten (Nur $5 \cdot 13$ endet auf 5.). Für die zweite Ergebnisziffer sind nur die Ziffern 8 und 9 möglich (Nur $8 \cdot 13$ und $9 \cdot 13$ sind dreistellig.). Als Ergebnis kommen daher nur die Zahlen 785 und 795 in Frage. Wegen $785 \cdot 13 = 10\,205$ bzw. $795 \cdot 13 = 10\,335$ lauten die zwei möglichen Rechnungen:

$$10205 \div 13 = 785 \quad \text{und} \quad 10335 \div 13 = 795$$

$$
\begin{array}{cc}
\underline{91} & \underline{91} \\
110 & 123 \\
\underline{104} & \underline{117} \\
65 & 65 \\
\underline{65} & \underline{65} \\
0 & 0
\end{array}
$$

c) Es gibt zwei richtige Rechnungen.

20.4   L-4.4 Die Erbsentreppe (62913)

a) $E_2 = 1 + 1 = 2$ (Ausgangserbse und angestoßene aus erster Stufe)
   $E_3 = 1 + 2 = 3$ (auf erster Stufe gestartet und E_2)
   $E_4 = 2 + 3 = 5$ (auf zweiter Stufe gestartet (= E_2) und E_3)

b) Entsprechend den Überlegungen aus a) lauten die folgenden Erbsenzahlen: $E_5 = 3 + 5 = 8$, $E_6 = 5 + 8 = 13$, $E_7 = 8 + 13 = 21$, $E_8 = 13 + 21 = 34$,

$E_9 = 21 + 34 = 55$ und schließlich kommen unten $E_{10} = 34 + 55 = 89$ Erbsen an.

Bemerkung: Diese Erbsenzahlen E_n heißen auch Fibonacci-Zahlen.

c) Hier gilt: $E_1 = 1$, $E_2 = 1 + 2 \cdot 1 = 3$, $E_3 = 2 + 2 \cdot 2 = 6$, $E_4 = 4 + 2 \cdot 4 = 12 = 2 \cdot E_3$, $E_5 = 24$, $E_6 = 48$, $E_7 = 96$, $E_8 = 192$, $E_9 = 384$. Unten kommen jetzt $E_{10} = 768$ Erbsen an.

20.5 L-4.5 Primteiler (62923)

a) Es sei $q = 100a + 10b + c$ eine dreistellige Primzahl mit $a, b, c \in \mathbf{Z}$ und $0 < a < 10, 0 \le b, c < 10$. Für Lindas Zahl ergibt sich:

$$z = 100\,000a + 10\,000b + 1\,000c + 100a + 10b + c = 100\,100a + 10\,010b + 1\,001c$$
$$= 1\,001 \cdot (100a + 10b + c)$$
$$= 7 \cdot 11 \cdot 13 \cdot q$$

Lindas Zahl hat also vier verschiedene Primteiler, nämlich 7, 11, 13 und q.

b) Es sei $p = 10a + b > 40$ eine zweistellige Primzahl mit $a, b \in \mathbf{Z}$ und $4 \le a < 10, 0 \le b < 10$.
Für Pauls Zahl ergibt sich:

$$z = 100\,000a + 10\,000b + 1\,000a + 100b + 10a + b = 101\,010a + 10\,101b$$
$$= 10\,101 \cdot (10a + b)$$
$$= 3 \cdot 7 \cdot 13 \cdot 37 \cdot p$$

Da $p > 40$ ist, hat Pauls Zahl fünf verschiedene Primteiler, nämlich 3, 7, 13, 37 und p. Also haben diese Zahlen jeweils $2 \cdot 2 \cdot 2 \cdot 2 \cdot 2 = 32$ Teiler.
Das sind 1, 3, 7, 13, 37, p und $p \cdot 3$, $p \cdot 7$, $p \cdot 13$, $p \cdot 37$, $3 \cdot 7$, $3 \cdot 13$, $3 \cdot 37$, $7 \cdot 13$, $7 \cdot 37$, $13 \cdot 37$ und $p \cdot 3 \cdot 7$, $p \cdot 3 \cdot 13$, $p \cdot 3 \cdot 37$, $p \cdot 7 \cdot 13$, $p \cdot 7 \cdot 37$, $p \cdot 13 \cdot 37$, $3 \cdot 7 \cdot 13$, $3 \cdot 7 \cdot 37$, $3 \cdot 13 \cdot 37$, $7 \cdot 13 \cdot 37$ und $p \cdot 3 \cdot 7 \cdot 13$, $p \cdot 3 \cdot 7 \cdot 37$, $p \cdot 3 \cdot 13 \cdot 37$, $p \cdot 7 \cdot 13 \cdot 37$, $3 \cdot 7 \cdot 13 \cdot 37$ und z.

20.6 L-4.6 Französische Multiplikation (53013)

Die Lösung lautet $6 \cdot 905 = 5 \cdot 1\,086 = 5\,430$.
Es ist $S = 9$, $I = 0$, $X = 5$, $C = 1$, $N = 8$ und $Q = 6$. Die Bedingungen sind alle erfüllt.
Wir zeigen, dass es keine weitere Lösung gibt.
Aus $6 \cdot SIX = 5 \cdot CINQ$ folgt, dass SIX durch 5 teilbar sein muss. Also kann X nur die Ziffern 0 oder 5 annehmen.
SIX ist eine dreistellige Zahl und muss mindestens 835 sein, sodass $CINQ$ eine vierstellige Zahl wird.
Es kommen somit für SIX die Zahlen 835, 840, 845, ..., 995 in Betracht.

Entsprechend kommen für $CINQ$ die Zahlen $1\,002$, $1\,008$, $1\,014$, $\ldots$, $1\,194$ in Betracht ($SIX \cdot \frac{6}{5}$).

Es gilt also $C = 1$. Weiterhin kann S nur 8 oder 9 und I nur 0 oder 1 sein.

Da die zweiten Ziffern der Zahlen SIX und $CINQ$ gleich sind, nämlich I, und I ungleich $C = 1$ sein muss, erhalten wir $I = 0$.

Somit kann SIX nur 905 sein. Daraus ergibt sich für $CINQ = 1\,086$.

20.7   L-4.7 Nussvorrat (63011)

a) Karl hat anfangs $65 + 46 = 111$ Nüsse und Heinz $37 + 73 = 110$ Nüsse. Da beide ihren Vorrat auf gleiche Weise verringern, hat Karl immer eine Nuss mehr, also auch am Schluss.

b) An einem Fresstag werden entweder zwei Haselnüsse oder zwei Walnüsse geknackt, d. h. der Gesamtvorrat jeder Nusssorte wird täglich um 2 reduziert oder gar nicht. Da beide Eichhörnchen zu Beginn insgesamt $65 + 37 = 102$ Haselnüsse und $46 + 73 = 119$ Walnüsse haben, muss am Ende eine Walnuss übrigbleiben, denn nur deren Anzahl ist während der ganzen Zeit ungerade.

c) Nach 37 Tagen mit Haselnüssen und 46 Tagen mit Walnüssen auf dem Speiseplan hat Karl noch $65 - 37 = 28$ Haselnüsse und Heinz 27 Walnüsse. Um diese Reste futtern zu können, muss Karl $28 \div 2 = 14$ Haselnüsse an Heinz geben und bekommt dafür 14 Walnüsse (14 Tauschtage). Nun haben beide je 14 Haselnüsse und Heinz 13 sowie Karl 14 Walnüsse, womit sie mindestens $14 + 13 = 27$ weitere Tage futtern können (Karl hat noch eine Walnuss, Heinz keine Nuss mehr.). Insgesamt reicht der Vorrat mindestens $37 + 46 + 14 + 27 = 124$ Tage.

20.8   L-4.8 Durch 15? (63021)

Wir nehmen an, dass A nicht durch 5 teilbar ist.

Hat A bei Division durch 5

(1) den Rest 1, dann ist keine der anderen Zahlen durch 5 teilbar,

(2) den Rest 2, dann ist nur B durch 5 teilbar,

(3) den Rest 3, dann ist nur E durch 5 teilbar und

(4) den Rest 4, dann ist keine andere Zahl durch 5 teilbar.

Daraus folgt, dass A durch 5 teilbar ist.

Wir nehmen an, dass A nicht durch 3 teilbar ist.

Hat A bei Division durch 3

(1) den Rest 1, dann ist nur C durch 5 teilbar,

(2) den Rest 2, dann ist nur D durch 5 teilbar.

Daraus folgt, dass A durch 3 teilbar ist.

Damit ist A durch 3 und 5, also durch 15 teilbar.

Damit ist auch F durch 15 teilbar.

Lösungsvariante mit Fallunterscheidung:

Fall 1: 15 teilt A.

 Wegen $15 = 3 \cdot 5$ sind 3 und 5 auch Teiler von A. Da F 15 Einheiten von A entfernt ist, teilt 15 auch F und F ist Vielfaches von 3 und 5. Die Abstände aller anderen Punkte von A bzw. F sind sämtlich kleiner als 15. Es gibt also keine weiteren Vielfache von 15.

Fall 2: 15 teilt B.

 B ist also ein Vielfaches von 5, aber kein zweiter Punkt, da kein Punkt zu B einen 5-er Abstand hat.

Fall 3: 15 teilt C

 C ist Vielfaches von 3, aber kein zweiter Punkt, da kein Punkt zu C einen 3-er Abstand hat.

Entsprechend treffen die nächsten Fälle „15 teilt D bzw. E" nicht zu. Der Fall „15 teilt F" entspricht dem Fall 1.

 Da es mindestens zwei Punkte gibt, die durch 3 bzw. 5 teilbare Zahlen entsprechen, können nur A und F die Lösungen sein.

20.9 L-4.9 Fuemos (63023)

Betrachten wir zunächst die Beträge kleiner als 8. Wir können die Beträge 3 (ein Drei-*Fuemo*-Schein), 5 (ein Fünf-*Fuemo*-Schein) und 6 (zwei Drei-*Fuemo*-Scheine) wie gefordert zusammenstellen.

Alle Geldbeträge größer als 7, die ein ganzzahliges Vielfaches von 3 sind, lassen sich unter alleiniger Verwendung von Drei-*Fuemo*-Scheinen zusammenstellen.

Ist der Betrag eine Zahl, die bei der Division durch 3 den Rest 1 lässt, dann ersetzt man 3 Drei-*Fuemo*-Scheine durch 2 Fünf-*Fuemo*-Scheine.

(z. B. $10 = 3 + 3 + 3 + 1 = 5 + 5$; $22 = (3 + 3 + 3) + (3 + 3 + 3) + 3 + 1 = (5 + 5) + (3 + 3 + 3) + 3)$

Ist der Betrag eine Zahl, die bei der Division durch 3 den Rest 2 lässt, dann ersetzt man einen Drei-*Fuemo*-Schein durch einen Fünf-*Fuemo*-Schein.

(z. B. $8 = (3 + 3) + 1 + 1 = 3 + 5$; $23 = (3 + 3) + (3 + 3) + (3 + 3) + 3 + 1 + 1 = (3 + 3) + (3 + 3) + 3 + 3) + 5$

Man kann also alle Beträge größer 7 und die Beträge 3, 5 und 6 wie gefordert zusammenstellen.

Lösungsvariante:

Für Geldbeträge kleiner 11 F(Fuemo) gilt: Offensichtlich sind 1F, 2F, 4F und 7F mit 3F- und 5F-Scheinen nicht genau bezahlbar. Dagegen sind die Beträge 3F $(3 \cdot 1)$, 5F $(5 \cdot 1)$, 6F $(2 \cdot 3)$, 8F $(1 \cdot 3 + 1 \cdot 5)$, 9F $(3 \cdot 3)$ und 10F $(2 \cdot 5)$ genau bezahlbar.

Legt man zu 8F, 9F bzw. 10F weitere 3F-Scheine, so lassen sich alle Geldbeträge größer als 10F darstellen: $11F = 8F + 1 \cdot 3F$, $12F = 9F + 1 \cdot 3F$, $13F = 10F + 1 \cdot 3F$, $14F = 8F + 2 \cdot 3F$ und so weiter.

Es sind also alle Geldbeträge außer 1F, 2F, 4F und 7F mit 3F- und 5F-Scheinen genau zahlbar.

Kapitel 21
Logisches und Spiele

21.1 L-5.1 Ali, Oli und Uli (62613)

Ali und Oli sind jetzt zusammen 13 Jahre alt. (1)
In einem Jahr werden Ali und Uli zusammen 20 Jahre alt sein, also sind Ali und Uli jetzt zusammen 18 Jahre alt. (2)
Oli und Uli werden in zwei Jahren zusammen 29 Jahre alt sein, also sind Oli und Uli jetzt zusammen 25 Jahre alt. (3)
In der Summe $13 + 18 + 25 = 56$ kommt das derzeitige Alter eines jeden der drei genau zweimal vor.
Also müssen Ali, Oli und Uli jetzt zusammen $56 : 2 = 28$ Jahre alt sein.
Leicht findet man
mit (3): Ali ist jetzt $28 - 25 = 3$ Jahre, also in drei Jahren 6 Jahre alt,
mit (2): Oli ist jetzt $28 - 18 = 10$ Jahre, also in drei Jahren 13 Jahre alt und
mit (1): Uli ist jetzt $28 - 13 = 15$ Jahre, also in drei Jahren 18 Jahre alt.

21.2 L-5.2 Mathe ist doof (62622)

1. Annahme: Anton sagt immer die Wahrheit. Damit wäre Chris der Täter und Bernd hätte ebenso zweimal die Wahrheit gesagt, was im Widerspruch zur Tatsache steht, dass nur einer immer die Wahrheit sagt.
2. Annahme: Anton lügt zweimal. Damit gäbe es nach Antons Falschaussage zwei Täter (Anton und Bernd), was nicht zutreffen darf.
3. Annahme: Anton lügt genau einmal. Hier wäre Anton oder Bernd der Schmierfink, weshalb die zweite Aussage von Bernd falsch ist, Bernd also mindestens einmal gelogen hat. Chris spricht also immer die Wahrheit.
   Daher ist Anton der Übeltäter.

© Der/die Autor(en), exklusiv lizenziert an Springer-Verlag GmbH, DE, ein Teil von
Springer Nature 2023
L. Andrews et al., *Aufgaben und Lösungen der Fürther Mathematik-Olympiade 2017–2022*, https://doi.org/10.1007/978-3-662-66721-7_21

21.3   L-5.3 Lauter Lügner? (52923)

Angenommen, der Erste lügt nicht, dann wäre der Zweite ein Lügner, weshalb der Dritte die Wahrheit spricht, was der Aussage des Ersten (Alle anderen lügen!) widerspricht.

Der Erste ist also ein Lügner, der Zweite sagt die Wahrheit, weshalb der Dritte lügt. Der Vierte spricht wieder die Wahrheit und der Fünfte lügt. Entsprechend sagen Nr. 2, 4, 6, 8 und 10 die Wahrheit und die restlichen sechs Randalierer lügen. Somit beträgt die Anzahl der Lügner sechs.

Kapitel 22
Geometrisches

22.1 L-6.1 LUTZ-Quadrate (62611)

Wir beziehen uns auf Abb. 22.1.

a) Seien a und b die Seiten aller vier Rechtecke mit $a > b$, dann sind im inneren Viereck alle Winkel rechte Winkel und alle Seiten gleich $s = a - b$.

b) Es gibt vier LUTZ-Quadrate der Seitenlänge 10 : $a = 9, b = 1; a = 8, b = 2;$ $a = 7, b = 3$ und $a = 6, b = 4$. Es gibt dabei vier verschieden große innere Quadrate.

c) Es gibt 1008 LUTZ-Quadrate:
$a = 2\,016, b = 1; a = 2\,015, b = 2; \ldots ; a = 1\,009, b = 1\,008$

d) Wenn das Gesamtquadrat 36-mal so groß wie das innere ($= A$) ist, so bleibt für den Ring der vier Rechtecke L, U, T und Z die Fläche $35 \cdot A$. Da die Rechtecke die gleiche Größe F haben, muss $35 \cdot A$ durch 4 teilbar sein, also A ein Vielfaches von 4 Kästchen sein. Wählt man A gleich 4 Kästchen, so gilt $4F = 35 \cdot 4$ Kästchen, also $F = 35$ Kästchen. Wählt man wegen $35 = a \cdot b$ die Seite $a = 7$ und

Abb. 22.1 LUTZ-Quadrate

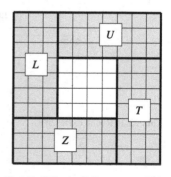

L. Andrews et al., *Aufgaben und Lösungen der Fürther Mathematik-Olympiade 2017–2022*, https://doi.org/10.1007/978-3-662-66721-7_22

$b = 5$, so gilt $s = a - b = 2$, Gesamtseitenlänge $a + b = 12$ und für die Quadratflächeninhalte $12^2 = 144 = 36 \cdot s^2 = 36 \cdot A$.

Übrigens: Multipliziert man a und b mit derselben natürlichen Zahl, so erhält man weitere Lösungen.

22.2 L-6.2 Rechteckriesen (52623)

a) Die beiden Rechtecke können auf vier Arten aneinander gelegt werden (Abb. 22.2, nicht maßstabsgerecht). Die vier zu ergänzenden Rechtecke haben folgende Maße:

    (1) $2\,016\,\mathrm{m}$ und $2\,\mathrm{m} = 2\,019\,\mathrm{m} - 2\,017\,\mathrm{m}$
    (2) $2\,016\,\mathrm{m}$ und $1\,\mathrm{m} = 2\,018\,\mathrm{m} - 2\,017\,\mathrm{m}$
    (3) $2\,017\,\mathrm{m}$ und $3\,\mathrm{m} = 2\,019\,\mathrm{m} - 2\,016\,\mathrm{m}$
    (4) $2\,017\,\mathrm{m}$ und $2\,\mathrm{m} = 2\,018\,\mathrm{m} - 2\,016\,\mathrm{m}$

b) Ein möglichst großes Quadrat entsteht, wenn man die beiden längsten Seiten aneinanderstoßen lässt (Abb. 22.3, nicht maßstabsgerecht).
Wir erhalten eine Seitenlänge von $2\,017\,\mathrm{m} + 2\,019\,\mathrm{m} = 4\,036\,\mathrm{m}$. Als Flächeninhalt des Quadrats ergibt sich $(4\,036\,\mathrm{m}) \cdot (4\,036\,\mathrm{m}) = 16\,289\,296\,\mathrm{m}^2$.

    (4) $2\,017\,\mathrm{m}$ und $2\,\mathrm{m} = 2\,018\,\mathrm{m} - 2\,016\,\mathrm{m}$

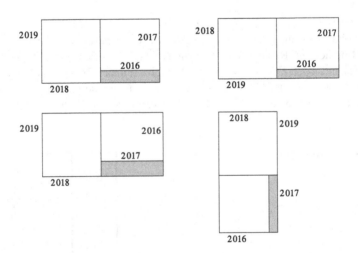

Abb. 22.2 Rechteckriesen a)

Abb. 22.3 Rechteckriesen b)

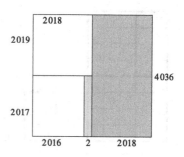

22.3 L-6.3 Zusammensetzen folgsamer Rechtecke (52723)

a) Tina findet das 10×15-Rechteck (Abb. 22.4).

b) Es gibt noch die gesuchten Rechtecke mit den Seitenlängen 5×8, 4×10, 6×15, 8×13 und 8×15 (Abb. 22.5).

In den Abbildungen sind die entsprechenden folgsamen Rechtecke eingezeichnet.

Abb. 22.4 Folgsame
Rechtecke a)

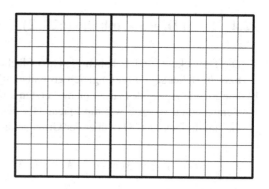

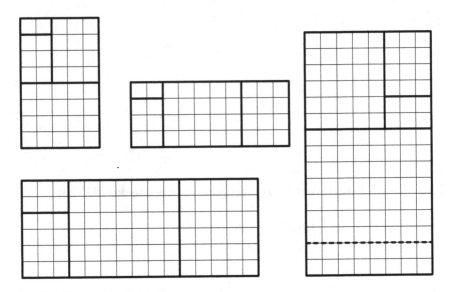

Abb. 22.5 Folgsame Rechtecke b)

22.4 L-6.4 Dreiecksinhalte (62822)

a) Die Dreiecke F und $\ddot{U}$ haben gleichen Flächeninhalt und gleiche Höhe über a bzw. b. Daher sind a und b gleich groß, also gilt $b = 3$ cm.

b) Die Fläche $A_{F\ddot{U}M}$ des zusammengesetzten Dreiecks aus F, $\ddot{U}$ und M ist insgesamt dreimal so groß wie die Fläche A_O des Dreiecks O. Ist h die Höhe des Gesamtdreiecks $F\ddot{U}MO$ über der Grundseite $\overline{AB}$, so gilt:

$$\frac{1}{2} \cdot (a + b) \cdot h = 3\,\text{cm} \cdot h = A_{F\ddot{U}M} = 3 \cdot A_O = 3 \cdot (\frac{1}{2} \cdot c \cdot h) = 1,5 \cdot c \cdot h$$

Wegen $1,5 \cdot c = 3$ cm gilt $c = 2$ cm.

c) Das Dreieck ABC in Abb. 22.6 ist ein mögliches Beispiel.

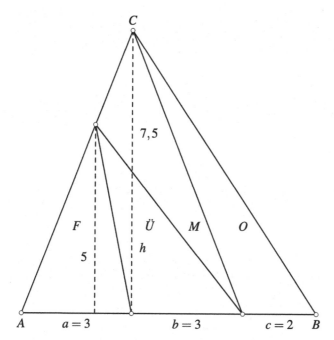

Abb. 22.6 Dreiecksinhalte

22.5 L-6.5 Quadrate im Quadrat (62911)

Die Abb. 22.7 zeigt die Lösungen zu a), b) und c).

Begründung zu c): Ein 6 × 6-Quadrat lässt sich in 36 1 × 1-Quadrate oder in 32 1 × 1-Quadrate und ein 2 × 2-Quadrat, also in nur 33 Quadrate zerlegen. Deshalb ist das kleinste Quadrat ein 7 × 7-Quadrat. Dieses lässt sich in fünf 2 × 2-Quadrate und 29 1 × 1-Quadrate oder in ein 4 × 4-Quadrat und 33 1 × 1-Quadrate zerlegen.

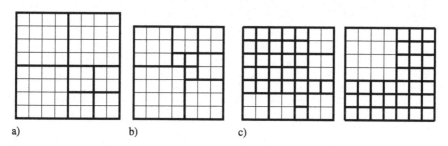

a) b) c)

Abb. 22.7 Quadrate im Quadrat

Kapitel 23
Alltägliches

23.1 L-7.1 Einkaufstour (62621)

a) Die drei Mädchen kaufen insgesamt 5 Jeans, 15 T-Shirts und 5 Schals. Das ist 5 mal so viel wie Susi kauft. Daraus folgt, dass die Mädchen insgesamt $5 \cdot 99 = 495$ € ausgeben. Susi und Mona zahlen zusammen $99 + 214 = 313$ €. Somit kostet Evas Einkauf $495 - 313 = 182$ €.

b) Nein, es lässt sich aus diesen Angaben nicht eindeutig ermitteln wie viel jedes Teil kostet.

Es könnte z. B. eine Jeans 69 €, ein T-Shirt 7 € und ein Schal 9 € oder eine Jeans 63 €, ein T-Shirt 10 € und ein Schal 6 € kosten.

In beiden Fällen würden die Einkäufe der drei Mädchen jeweils 99 €, 214 € bzw. 182 € kosten.

Probe:
Susi: $69 + 21 + 9 = 99$; Mona: $138 + 49 + 27 = 214$; Eva: $138 + 35 + 9 = 182$ bzw.

Susi: $63 + 30 + 6 = 99$; Mona: $126 + 70 + 18 = 214$; Eva: $126 + 50 + 6 = 182$

23.2 L-7.2 FüMO-Klub (62712)

Ein Kind auf einem Stuhl trägt insgesamt 6, ein Kind auf einem Hocker 5 Beine zur Gesamtanzahl bei. Wären es insgesamt 7 Stühle, ergäbe dies $6 \cdot 7 = 42$ Beine, was zu groß ist. In der folgenden Übersicht lassen sich die Fälle von $0, 1, 2, \ldots, 6$ Stühlen im Klassenzimmer vollständig durchspielen:

© Der/die Autor(en), exklusiv lizenziert an Springer-Verlag GmbH, DE, ein Teil von Springer Nature 2023
L. Andrews et al., *Aufgaben und Lösungen der Fürther Mathematik-Olympiade 2017–2022*, https://doi.org/10.1007/978-3-662-66721-7_23

Anzahl Stühle n	0	1	2	3	**4**	5	6
Gesamtzahl Beine	0	6	12	18	**24**	30	36
Verbleibende Beine	39	33	27	21	**15**	9	3

Die verbleibenden Beine stammen von den Kindern, die auf Hockern sitzen. Diese Anzahl muss durch 5 teilbar sein. Die einzige Möglichkeit der Verteilung auf Stühle und Hocker ist somit $n = 4$.

23.3   L-7.3 Biberrennen (62722)

Da der erste Biber in einer Sekunde $0{,}3$ m schwimmt, benötigt er für seine 20 m im stehenden Wasser genau $20 \div 0{,}3 = \frac{20}{0{,}3} = \frac{200}{3} = 66\frac{2}{3}$ s für seine Schwimmstrecke. Wenn der zweite Biber in einer Sekunde $0{,}3$ m schwimmt, wird er zugleich $0{,}2$ m flussabwärts abgetrieben, weshalb er bei der ersten Teilstrecke in jeder Sekunde eigentlich $0{,}5$ m zurücklegt.

Für die 10 m flussabwärts benötigt er daher $10 \div 0{,}5 = \frac{10}{0{,}5} = \frac{100}{5} = 20$ s.

Flussaufwärts schwimmt er pro Sekunde $0{,}3$ m, wird aber gleichzeitig $0{,}2$ m zurück getrieben, weshalb er flussaufwärts tatsächlich nur $0{,}1$ m pro Sekunde schafft. Für den Rückweg benötigt er daher $10 \div 0{,}1 = \frac{10}{0{,}1} = 100$ s, also insgesamt 120 s.

23.4   L-7.4 Die Treppe (62813)

a) Wegen der Nenner 2, 3 und 8 stellen wir uns eine Treppe mit 24 Stufen ($24 =$ kgV(2, 3, 8)) vor. Bei der ersten Rast hat sie zwölf Stufen erstiegen, also noch zwölf vor sich. Im zweiten Abschnitt schafft sie davon ein Drittel, also vier Stufen und hat noch acht Stufen als Rest. Davon klettert sie ein Achtel, also eine Stufe, hoch und hat sieben Stufen nicht geschafft. Der Anteil des letzten Restes beträgt daher $\frac{7}{24}$ der Gesamttreppe.

b) Wegen der Nenner (vgl. a)) muss die Gesamttreppe ein Vielfaches von 24 Stufen aufweisen. Mögliche Stufenanzahlen sind also: 24, 48, 72, 96, 120, 144, ...

Bei der Stufenhöhe von 15 cm und der Mindestgesamthöhe von 15 m = 1 500 cm sind mindestens 100 Stufen nötig; bei der Maximalhöhe 20 m sind es höchstens $2\,000$ cm $\div 15$ cm $= \frac{2\,000}{15} = \frac{400}{3} = 133\frac{1}{3}$ Stufen.

Die mögliche Stufenanzahl liegt also zwischen 100 und 133. In diesem Bereich ist 120 das einzige Vielfache von 24. Die Treppe hat also 120 Stufen und ist $120 \cdot 15$ cm $= 1\,800$ cm $= 18$ m hoch.

23.5 L-7.5 Trocknende Pilze (62823)

a) Bei 95 % Wassergehalt stellen die restlichen 5 % die Trockenmasse dar. Diese Trockenmasse von 5 % der 1,2 kg = $\frac{5}{100} \cdot 1200\,g = 60\,g$ bleibt während des Trocknens konstant, nur ihr Anteil an der Gesamtmenge verändert sich, weil Wasser verdunstet. Im „trockenen" Zustand stellt die Trockenmasse von 60 g genau 20 % der neuen Gesamtmasse dar (80 % sind noch Wasser!). Die trockenen Pilze wiegen daher noch 5-mal so viel wie die Trockenmasse, also 5 · 60 g = 300 g.

b) Bei 1,0 kg = 1 000 g Gesamtmasse, die die Trockenmasse von 60 g enthält, enthalten die Pilze noch 1 000 g − 60 g = 940 g Wasser. Der Wassergehalt dieser Pilze beträgt noch $\frac{940\,g}{1\,000\,g} = \frac{94}{100} = 94\,\%$

23.6 L-7.6 Bio im Durchschnitt (52913)

Die Verminderung des Preises eines Kürbisses um 1,24 € führt zu einer Verringerung des Durchschnittspreises um 2,51 € −2,47 € = 4 ct. Somit ist die Anzahl der verkauften Kürbisse 124 ct ÷ 4 ct = 31. Tim verkaufte also 31 seiner Kürbisse.

23.7 L-7.7 Herbstblätter (63012)

a) Siehe Abb. 23.1.

b) Bei 18 Blättern wären auf jedem Ast drei Blätter und keines auf einem Eckpunkt. Wird nun ein Blatt, z.B. vom Ast A, weggenommen, so muss ein Blatt eines benachbarten Astes auf die Ecke zu diesem Ast A verschoben werden, damit alle Äste wieder die gleiche Anzahl von Blättern aufweisen. Dies passiert auch bei jeder weiteren Wegnahme.
Bei der Reduzierung auf 15 Blätter müssen drei der ursprünglichen 18 Blätter weggenommen werden, also genau drei Blätter auf Eckpunkte verschoben werden (Abb. 23.2).

c) Es gibt drei verschiedene Lösungen (Abb. 23.3)

Abb. 23.1 Herbstblätter
zu a)

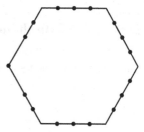

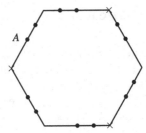

Abb. 23.2 Herbstblätter zu b)

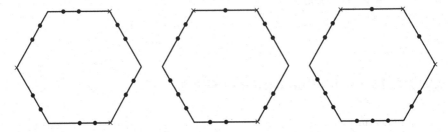

Abb. 23.3 Herbstblätter zu c)

23.8   L-7.8 Tennisturnier (63013)

Jeder der drei Spieler eines Teams spielt gegen die 3 Mitglieder des anderen Teams einen Satz, weshalb für einen Wettkampf zwischen zwei Teams $3 \cdot 3 = 9$ Sätze gespielt werden. Insgesamt können so wegen $200 \div 9 = 22{,}2 \ldots$ maximal 22 Teamwettkämpfe ausgetragen werden. Bei zwei Teams gibt es nur einen Wettkampf; bei drei Teams sind drei Wettkämpfe nötig. Kommt ein viertes Team dazu, sind drei weitere Wettkämpfe dieses Teams gegen die vorherigen drei nötig, also insgesamt sechs Wettkämpfe.

Entsprechend sind bei einem 5. Team zusätzlich vier Wettkämpfe, bei einem 6. Team weitere fünf Wettkämpfe und bei einem 7. Team zusätzlich sechs Wettkämpfe nötig. Bei sieben Teams sind also $1 + 2 + 3 + 4 + 5 + 6 = 21$ Wettkämpfe nötig. Bei acht Teams und mehr wären mindestens $21 + 7 = 28$ Wettkämpfe nötig. Am Turnier können höchstens sieben Mannschaften teilnehmen.

23.9   L-7.9 Muscheln im Sand (53011)

Die Lösungen können wir Abb. 23.4 entnehmen.

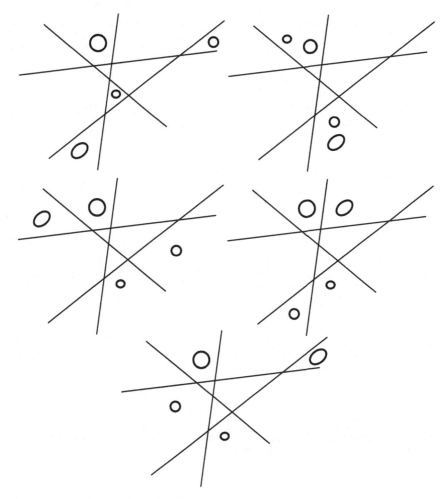

Abb. 23.4 Muscheln im Sand

23.10   L-7.10 Computervirus (63022)

a) Nach einem Tag ist noch $1 - \frac{1}{2} = \frac{1}{2}$, also die Hälfte des Speichervolumens übrig.
   Nach dem 2. Tag bleibt noch $\frac{1}{2} - \frac{1}{3} \cdot \frac{1}{2} = \frac{1}{3}$ übrig.
   Nach dem 3. Tag bleibt noch $\frac{1}{3} - \frac{1}{4} \cdot \frac{1}{3} = \frac{1}{4}$ übrig.
   Nach dem 4. Tag ist $\frac{1}{4} - \frac{1}{5} \cdot \frac{1}{4} = \frac{1}{5}$ des Speichervolumens nicht vernichtet.
b) Wenn 90 % des Speichervolumens vernichtet sind, bleiben noch ein Zehntel des
   ursprünglichen Volumens übrig, das ist entsprechend der Berechnung in a) am
   Ende des 9. Tages der Fall.
c) Der vorhandene Speicherplatz nimmt zwar immer mehr ab, aber immer nur um
   einen Bruchteil des Speicherplatzes, d. h. er wird zwar immer kleiner, aber nie
   Null. Also kann man keinen Zeitpunkt angeben.

Kapitel 24
Weitere Zahlenspielereien

24.1 L-8.1 Zerissene Streifen (82711)

a) Zum Beispiel $\boxed{1,2 \;/\; 3}$ da $1 + 2 = 3$ oder $\boxed{64,65, \ldots, 72 \;/\; 73,74, \ldots, 80}$, da $64 + 65 + \ldots + 72 = 612 = 73 + 74 + \ldots + 80$.

Die Zahlenreihe, die 2018 enthält, beginnt bei 1936 und endet bei 2024 und es gilt: $1936 + 1937 + \ldots + 1980 = 1981 + 1982 + \ldots + 2024 = 88\,110$.

b) $\boxed{n,n+1,n+2, \ldots, n+k \;/\; n+k+1, n+k+2, \ldots, n+k+k}$

Beginnt der Streifen bei n und hat $2k + 1$ Zahlen, so enthält der erste Teil die $(k + 1)$ Zahlen $n, n + 1, \ldots, n + k$ und der zweite Teil die k Zahlen $n + k + 1, n + k + 2, \ldots, n + k + k$. Es soll gelten

$$n, n + 1, n + 2, \ldots, n + k = n + k + 1, n + k + 2, \ldots, n + k + k$$

Daraus folgt

$$n \cdot (k + 1) + 1 + 2 + 3 + \ldots + k = k \cdot (n + k) + 1 + 2 + 3 + \ldots + k$$
$$\Rightarrow n(k + 1) = k(n + k).$$

Also ist $nk + n = kn + k^2$ und somit $n = k^2$.

24.2 L-8.2 Zahlenkreis (72722)

Wir ordnen die Zahlen nach Tuvias Methode und beginnen dabei mit denjenigen Zahlen, für welche nur wenige Nachbarn in Frage kommen.

© Der/die Autor(en), exklusiv lizenziert an Springer-Verlag GmbH, DE, ein Teil von
Springer Nature 2023
L. Andrews et al., *Aufgaben und Lösungen der Fürther Mathematik-Olympiade 2017–2022*, https://doi.org/10.1007/978-3-662-66721-7_24

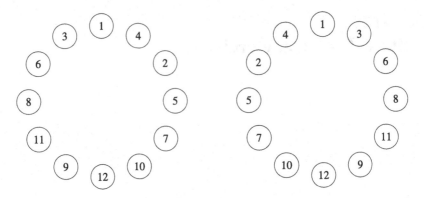

Abb. 24.1 Zahlenkreis

So können neben der 1 nur die Zahlen 3 und 4 stehen, die 2 kann nur die Nachbarn 4 und 5 haben. Damit erhält Tuvia für die ersten fünf Zahlen die beiden Anordnungen 3-1-4-2-5 oder umgekehrt 5-2-4-1-3.

Als Nachbarzahlen der 3 sind nur 1, 5 und 6 möglich. Da die 1 bzw. 5 bereits verwendet worden sind, bleibt neben der 3 nur die 6 übrig. Somit gibt es auch hier nur eine einzige Anordnung, nämlich 6-3-1-4-2-5 oder umgekehrt 5-2-4-1-3-6.

Für die beiden Randzahlen 5 und 6 sind mehrere Anordnungen denkbar, daher schauen wir jetzt auf die 12. Auf ähnliche Weise können neben der 12 nur die beiden Zahlen 10 oder 9 stehen, neben der 11 nur 9 oder 8. Für die 10 bleiben nur die Möglichkeiten 12, 8 oder 7 übrig. Aber 12 und 8 sind schon vergeben und somit gibt es nur die folgende Anordnung für die sechs größten der zwölf Zahlen:

7-10-12-9-11-8 oder umgekehrt 8-11-9-12-10-7.

Jetzt muss Tuvia die beiden Zahlenreihen aus sechs Zahlen nur noch zu einem Kreis verbinden. Das ist aber nur möglich, wenn sie die 5 mit der 7 und die 6 mit der 8 verknüpft. Somit sind 6 und 8 sichere Nachbarn.

Insgesamt findet Tuvia genau zwei mögliche Anordnungen (Abb. 24.1).

24.3   L-8.3 Eckenprodukte (82823)

Wir bezeichnen die Zahlen auf den Seitenflächen mit a, b, c, d, e und f so, dass sich die Paare a und f, b und e bzw. c und d auf sich gegenüberliegenden Seiten des Würfels befinden.

Die Eckenprodukte lauten abc, abd, aec, aed, fbc, fbd, fec und fed.

Die Summe dieser Produkte lässt sich als $(a + f)(b + e)(c + d)$ schreiben, was sich durch Ausmultiplizieren zeigen lässt.

Damit gilt $(a + f)(b + e)(c + d) = 3 \cdot 5 \cdot 11 = 165$.

Da alle Zahlen von a bis f natürliche Zahlen sind, ist die linke Seite das Produkt dreier natürlicher Zahlen, die alle größer oder gleich 2 sind. Also müssen sie (in irgendeiner

Reihenfolge) 3, 5 und 11 sein, sodass als einzige Möglichkeit für die gesuchte Summe $3 + 5 + 11 = 19$ verbleibt. Andererseits kann eine solche Belegung leicht gefunden werden.

24.4 L-8.4 Dreimal ACH (83021)

Wegen $1^2 = 1, 5^2 = 25$ und $6^2 = 36$ kann H nur die Werte 1, 5 oder 6 annehmen.

$H = 1$: Das erste Zwischenergebnis ist dann drei- statt vierstellig wie gefordert.

$H = 5$: Auf der Zehnerziffer des Ergebnisses ($= C$) steht $(5C + 2) + 5C = 10C + 2$, also 2, damit ist $C = 2$.
Für die Hunderterziffer A gilt entsprechend $(5A + 1) + 5 + 5A = 10A + 6$. A ist daher 6 und die Lösung lautet $625 \cdot 625 = 390\,625$ (Abb. 24.2, links).

$H = 6$: Hier muss $12C + 3$ als Einerziffer C haben. Durch systematisches Probieren erhalten wir $C = 7$
Weiterhin muss $12A + 7$ als Einerziffer A haben. Durch systematisches Probieren erhalten wir $A = 3$.
Die Lösung lautet $376 \cdot 376 = 141\,376$ (Abb. 24.2, rechts).

```
6  2  5  ·  6  2  5        3  7  6  ·  3  7  6
            3  1  2  5                 2  2  5  6
         1  2  5  0                 2  6  3  2
      3  7  5  0                 1  1  2  8
      3  9  0  6  2  5           1  4  1  3  7  6
```

Abb. 24.2 Dreimal ACH

Kapitel 25
Geschicktes Zählen II

25.1 L-9.1 Hochstapeln (72611)

Wir beziehen uns auf Abb. 9.1 in der Aufgabenstellung.

a) Einfaches Abzählen ergibt $N = 6 \cdot 5 + 5 \cdot 4 + 4 \cdot 3 + 3 \cdot 2 + 2 \cdot 1 = 70$ Klötze.

b) Auch hier hilft genaues Zählen. Wir stellen die Ergebnisse tabellarisch dar:

Rote Flächen	0	1	2	3
Würfel	40	0	25	5

c) Es gibt insgesamt $6 \cdot 70 = 420$ Würfelflächen.
   Davon sind nach b) $2 \cdot 25 + 3 \cdot 5 = 65$ rot.
   Damit beträgt die Wahrscheinlichkeit $p = \frac{65}{420} = \frac{13}{84}$.

25.2 L-9.2 Wer steht bis zuletzt? (72612)

a) 26 Zahlen: 1, 2̶, 3, 4̶, …, 25, 2̶6̶
   Es stehen noch die 13 Kinder, deren Zahlen bei der Division durch 2 den Rest 1 lassen.
   13 Zahlen: 1, 3̶, 5, 6̶, …, 2̶3̶, 25
   Es stehen noch die 7 Kinder, deren Zahlen bei der Division durch 4 den Rest 1 lassen.
   7 Zahlen: 1̶, 5, 9̶, 13, 1̶7̶, 21, 2̶5̶
   Es stehen noch die 3 Kinder, deren Zahlen bei der Division durch 8 den Rest 5 lassen.
   3 Zahlen: 5, 1̶3̶, 21
   2 Zahlen: 5̶, 21

© Der/die Autor(en), exklusiv lizenziert an Springer-Verlag GmbH, DE, ein Teil von Springer Nature 2023
L. Andrews et al., *Aufgaben und Lösungen der Fürther Mathematik-Olympiade 2017–2022*, https://doi.org/10.1007/978-3-662-66721-7_25

Das Kind, das als letztes noch steht, hat die Nummer 21.

b) Hier gehen wir analog zu a) vor.

2017 Zahlen: 1, ~~2~~, 3, ~~4~~, ..., ~~2016~~, 2017

1 009 Zahlen: ~~1~~, 3, ~~5~~, 7, ..., 2015, ~~2017~~

504 Zahlen: 3, ~~7~~, 11, ~~15~~, ..., 2011, ~~2015~~

252 Zahlen: 3, ~~11~~, 19, ~~27~~, ..., 2003, ~~2011~~

126 Zahlen: 3, ~~19~~, 35, ~~51~~, ..., 1987, ~~2003~~

63 Zahlen: 3, ~~35~~, 67, ~~99~~, ..., ~~1955~~, 1987

32 Zahlen: ~~3~~, 67, ~~131~~, 195, ..., ~~1923~~, 1987

16 Zahlen: ~~67~~, 195, ~~323~~, ..., ~~1859~~, 1987

8 Zahlen: ~~195~~, 451, ~~707~~, ..., ~~1731~~, 1987

4 Zahlen: ~~451~~, 963, ~~1475~~, 1987

2 Zahlen: ~~963~~, 1987

Das Kind, das als letztes noch steht, hat die Nummer 1987.

25.3   L-9.3 Ein Kreuz mit Zahlen (72622)

Wir bezeichnen die Zahlen in den Leerfeldern wie in Abb. 25.1 zu sehen.

Die betrachteten Summen haben nach Voraussetzung die Summe $(w + x + y + z) + (t + u + x + v) = 2 \cdot 21 = 42$. Da das Feld x doppelt gezählt wird, können wir die Summe umordnen: $(t + u + v + w + x + y + z) + x = 42$.

Ebenfalls nach Voraussetzung besitzt die Summe in der Klammer den Wert $2 + 3 + 4 + 5 + 6 + 7 + 8 = 35$. Also kann x nur den Wert 7 haben.

Somit sind für die Zahlen t, u, v bzw. w, y, z nur die Werte 2, 3, 4, 5, 6 oder 8 möglich unter der Einschränkung $t + u + v = w + y + z = 21 - 7 = 14$.

Durch Probieren findet man heraus, dass nur die Tripel 2, 4, 8 und 3, 5, 6 die Summe 14 ergeben. Stehen also in der waagrechten Reihe zum Beispiel die Zahlen 2, 7, 4, 8, dann gibt es für die Zahl w drei Möglichkeiten, für die Zahl y noch zwei und nur noch eine für die letzte Zahl, insgesamt also 6 Möglichkeiten. Entsprechend gibt es noch 6 Möglichkeiten für die Zahlen 3, 5, 7, 6 in der senkrechten Spalte. Das sind zusammen $6 \cdot 6 = 36$ Kombinationen. Da aber die Zahlen 2, 7, 4, 8 aus der waagrechten Reihe auch in der senkrechten Spalte stehen können, verdoppelt sich die Gesamtzahl aller Möglichkeiten.

Die Belegung ist daher auf 72 verschiedene Arten möglich.

Abb. 25.1 Ein Kreuz mit Zahlen

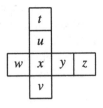

25.4 L-9.4 Karten im Karton (72912)

Wir bezeichnen die Anzahlen der Farben jeweils mit dem (kleinen) Anfangsbuchstaben der entsprechenden Farbe. Es gilt also: $b \div g \div r = 1 \div 2 \div 4$ und $g \div v \div o = 1 \div 3 \div 6$. Die letzte Verhältnisgleichung ist äquivalent zu $g \div v \div o = 2 \div 6 \div 12$. Damit ist die gemeinsame Anzahl der Farbe g in beiden Verhältnissen gleich, d. h. $b \div g \div r = 1 \div 2 \div 4$ und $g \div v \div o = 2 \div 6 \div 12$. Beide Verhältnisgleichungen lassen sich nun kombinieren, d. h. $b \div g \div r \div v \div o = 1 \div 2 \div 4 \div 6 \div 12$. Dies bedeutet: Zu jeder blauen Karte gehören zwei grüne, vier rote, sechs violette und zwölf orangene Tickets. Wenn sich im Karton nur eine blaue Karte befinden sollte, dann müsste er insgesamt $1 + 2 + 4 + 6 + 12 = 25$ Karten enthalten. Im Karton befinden sich aber 400 Karten, d. h. er enthält $400 \div 25 = 16$ blaue Karten. Nach Multiplikation mit dem Faktor 16 ergibt sich daher $b \div g \div r \div v \div o = 16 \div 32 \div 64 \div 96 \div 192$ und somit befinden sich im Karton 16 blaue, 32 grüne, 64 rote, 96 violette und 192 orangefarbene Eintrittskarten.

Kapitel 26
Zahlentheorie

26.1 L-10.1 Starke Potenzen (72613)

Die Zahl 9^{2017} endet auf 9.

Begründung $9^2 = 81$ endet auf 1, dann endet aber auch 9^{2n} auf 1, also auch 9^{2016}. Damit endet $9^{2017} = 9^{2016} \cdot 9$ auf 9.

Die gegebene Differenz ist durch 10 teilbar, wenn auch n^{2018} auf 9 endet:

Ist n eine gerade Zahl, endet n^{2018} ebenfalls auf eine gerade Zahl, kann also nicht auf 9 enden.

Für $n = 1$ endet 1^{2018} offensichtlich auf 1, für $n = 5$ endet 5^{2018} auf 5.

Für $n = 3$ erhält man: $3^2 = 9$ endet auf 9; $3^4 = 81$ endet auf 1, d.h. 3^{2+4k} endet auf 9 für $k \in \mathbb{N}$.

Da $2018 = 2 + 4 \cdot 504$, endet 3^{2018} auf 9.

Für $n = 7$ erhält man: $7^2 = 49$ endet auf 9; $7^4 = 2\,401$ endet auf 1, d.h. 7^{2+4k} endet auf 9 für $k \in \mathbb{N}$.

Da $2018 = 2 + 4 \cdot 504$, endet auch 7^{2018} auf 9.

Also endet $9^{2017} - n^{2018}$ für $n = 3$ und $n = 7$ auf 0 und ist damit durch 10 teilbar.

26.2 L-10.2 Besonders folgsam (82613)

Seien $a = m(m + 1)$ und $b = n(n + 1)$ mit $m, n \in \mathbb{N}$ und $m < n$ zwei folgsame Zahlen.

Dann soll gelten $ab = m(m + 1)n(n + 1) = x(x + 1)$ mit $x \in \mathbb{N}$.

Zu zeigen ist nun, dass es zu jedem m ein geeignetes n und x gibt, die diese Bedingung erfüllen.

Der Term $m(m + 1)n(n + 1)$ beschreibt eine folgsame Zahl, wenn gilt
(1) $x = m(n + 1)$ und (2) $x + 1 = n(m + 1)$.

(1) in (2) eingesetzt ergibt
$m(n + 1) + 1 = n(m + 1)$ bzw. $mn + m + 1 = nm + n$ bzw. $n = m + 1$.

© Der/die Autor(en), exklusiv lizenziert an Springer-Verlag GmbH, DE, ein Teil von Springer Nature 2023
L. Andrews et al., *Aufgaben und Lösungen der Fürther Mathematik-Olympiade 2017–2022*, https://doi.org/10.1007/978-3-662-66721-7_26

Für $n = m + 1$ sind beide Bedingungen erfüllt und es gilt für
$a = m(m + 1)$ und $b = (m + 1)(m + 2)$
$x(x + 1) = m(m + 2)(m + 1)^2 =$
$(m^2 + 2m)(m^2 + 2m + 1).$
Also kann man zu jeder folgsamen Zahl $a = m(m + 1)$ mit $m \in \mathbb{N}$ eine zweite folgsame Zahl $b = (m + 1)(m + 2)$ angeben, sodass ihr Produkt ab wieder eine folgsame Zahl ist.

Bemerkung: Das Produkt einer folgsamen Zahl mit der nächstgrößeren folgsamen Zahl ist also wieder eine folgsame Zahl. Daraus folgt aber auch, dass das Produkt einer folgsamen Zahl mit der vorhergehenden folgsamen Zahl ebenfalls eine folgsame Zahl ist.
Beispiel: Für $3 \cdot 4 = 12$ und $4 \cdot 5 = 20$ ist das Produkt $3 \cdot 4 \cdot 4 \cdot 5 = 15 \cdot 16$ wieder folgsam. Ebenso ist aber auch für $2 \cdot 3 = 6$ und $3 \cdot 4 = 12$ das Produkt $2 \cdot 3 \cdot 3 \cdot 4 = 8 \cdot 9$ wieder folgsam.

26.3   L-10.3 Vermittlung (72623)

a) Die größte gesuchte Zahl sei x. Die Zahl x ist dann am größten, wenn die restlichen Zahlen so klein wie möglich sind, also jeweils 1.
   Dies führt zu der folgenden Gleichung $(1 + 1 + \ldots + 1 + x) : 2018 = 2018$.
   Durch Umstellen der Gleichung folgt:
   $x = 2018^2 - 2017 = 4\,072\,324 - 2017 = 4\,070\,307$.
   Diese Zahl liegt auch unter der Grenze $20\,182\,018$.

b) Jetzt sollen alle Zahlen verschieden sein. Hier ist die Wahl der Summanden $1, 2, \ldots, 2017$ optimal, d. h. wir setzen $S = 1 + 2 + \ldots + 2017$ (S ist die kleinste Summe aus 2017 verschiedenen positiven ganzen Zahlen).
   Damit erhalten wir den folgenden Ansatz: $(S + x) : 2018 = 2018$.
   Auflösen nach x liefert: $x = 2018^2 - S$.
   Nach der Gauß-Formel können wir S berechnen:
   $S = (2017 \cdot 2018) : 2 = 2\,035\,153$.
   Damit lässt sich x angeben. Es ist $x = 2018^2 - 2\,035\,153 = 2\,037\,171$.
   Auch diese Zahl ist kleiner als $20\,182\,018$.

26.4   L-10.4 Quersummelei (82623)

Wir schreiben die Zahl $N = 999\ldots999$ in Dezimaldarstellung: $N = 10^{2018} - 1$.

a) Dann lässt sich die neue Zahl $2 \cdot N$ auf diese Weise schreiben:
   $2 \cdot N = 2 \cdot 10^{2018} - 2 = 1\,999\ldots9\,998$ mit 2017 Neunen.
   Daher ist die Quersumme der Zahl $2 \cdot N$ gleich $1 + 2017 \cdot 9 + 8 = 18\,162$.

b) In der Dezimalschreibweise ist

$$N^2 = (10^{2018} - 1)^2$$
$$= (10^{2018})^2 - 2 \cdot 10^{2018} \cdot 1 + 1$$
$$= 10^{4\,036} - 2 \cdot 10^{2018} + 1$$
$$= 10^{2018} \cdot (10^{2018} - 2) + 1.$$

Nun ist $10^{2018} - 2 = 999\ldots9\,998$ (mit 2017 Neunen) und daher lässt sich $10^{4\,036} - 2 \cdot 10^{2018}$ folgendermaßen vereinfachen:
$10^{4\,036} - 2 \cdot 10^{2018} = 999\ldots9\,998\,000\ldots000$ (2017 Neunen, 2018 Nullen).
Somit gilt $N^2 = 10^{2018} \cdot (10^{2018} - 2) + 1 = 999\ldots9\,998\,000\ldots0001$ (2017 Neunen, 2017 Nullen).
Damit ist die Quersumme von $N^2 = 2017 \cdot 9 + 8 + 2017 \cdot 0 + 1 = 2018 \cdot 9 = 18\,162$ gleich der Quersumme von $2 \cdot N$.

26.5 L-10.5 Gerade oder ungerade? (72712)

a) Ist die kleinere der Zahlen ungerade und die größere der Zahlen gerade, so sind beide Produkte gerade und somit ist die Summe gerade.
Ist die kleinere der Zahlen gerade und die größere der Zahlen ungerade, so ist das erste Produkt gerade, das zweite ungerade und somit die Summe ungerade.
Nennt Eva also eine gerade Summe, so ist die kleinere der Zahlen ungerade und die größere gerade. Ist die Summe ungerade, so ist die kleinere der Zahlen gerade und die größere ungerade.

b) Es seien x und y mit $x < y$ und $x, y > 0$ die von Eva gedachten Zahlen.
Für die genannte Summe gilt $18x + 27y = 162$.
Somit muss x eine ungerade und y eine gerade Zahl sein.
Es ist $27y = 162 - 18x$, wobei $(162 - 18x)$ ein Vielfaches von 27 sein muss.
Setzt man nun für x die Zahlen 1, 3, 5, 7, 9 ein, erhält man für $162 - 18x$ entsprechend die Werte 144, 108, 72, 36, 0.
Von diesen Zahlen ist nur $108 = 4 \cdot 27$ größer als 0 und durch 27 teilbar.
Somit lauten die beiden gedachten Zahlen $x = 3$ und $y = 4$.
Probe: Es gilt $3 \cdot 18 + 4 \cdot 27 = 54 + 108 = 162$.

26.6 L-10.6 Ein Elftel zerlegt (82712)

Aus der Gleichung $\frac{1}{11} = \frac{1}{p_1 p_2} + \frac{1}{p_1 p_3} + \frac{1}{p_2 p_3}$ folgt:

$$\frac{1}{11} = \frac{p_1 + p_2 + p_3}{p_1 p_2 p_3}$$
$$\Rightarrow p_1 p_2 p_3 = 11(p_1 + p_2 + p_3).$$

Da 11 eine Primzahl ist, muss eine der Primzahlen p_1, p_2, p_3 den Wert 11 annehmen. Es sei $p_1 = 11$. Dann gilt:

$$p_2 p_3 = 11 + p_2 + p_3$$
$$\Rightarrow 11 = p_2 p_3 - p_2 - p_3 = p_2(p_3 - 1) - p_3$$
$$\Rightarrow 12 = p_2(p_3 - 1) - p_3 + 1$$
$$= p_2(p_3 - 1) - (p_3 - 1) = (p_2 - 1)(p_3 - 1)$$

Da $12 = 1 \cdot 12 = 2 \cdot 6 = 3 \cdot 4$ gilt, kommen für p_2 und p_3 entsprechend nur die Werte (2; 13), (3; 7), (4; 5) in Betracht. Da nur Primzahlen in Frage kommen, fällt das letzte Paar weg.

Somit erhält man als Lösung: $p_1 = 11$, $p_2 = 2$, $p_3 = 13$ und $p_1 = 11$, $p_2 = 3$, $p_3 = 7$.

Probe:

$$\frac{1}{11 \cdot 2} + \frac{1}{11 \cdot 13} + \frac{1}{2 \cdot 13} = \frac{1}{22} + \frac{1}{143} + \frac{1}{26} = \frac{11 + 2 + 13}{11 \cdot 2 \cdot 13} = \frac{26}{286} = \frac{1}{11}$$
$$\text{bzw.}$$
$$\frac{1}{11 \cdot 3} + \frac{1}{11 \cdot 7} + \frac{1}{3 \cdot 7} = \frac{1}{33} + \frac{1}{77} + \frac{1}{21} = \frac{11 + 3 + 7}{11 \cdot 3 \cdot 7} = \frac{21}{231} = \frac{1}{11}$$

Lösungen sind jeweils alle Permutationen der obigen Zahlen p_1, p_2, p_3.

26.7 L-10.7 Verschiebe die 1 (72723)

Es sei $z = 10^n + R$ ($n > 0$; $n, R \in \mathbb{N}$) die natürliche Zahl, die mit 1 beginnt. R ist dabei eine n-stellige Zahl.

Dann ist $z' = 10R + 1$. Nun soll gelten:

$$z' = 3 \cdot z$$
$$\Rightarrow 10R + 1 = 3 \cdot (10^n + R)$$
$$\Rightarrow 7R = 3 \cdot 10^n - 1$$
$$\Rightarrow R = \frac{3 \cdot 10^n - 1}{7}$$

Für welches (kleinste) n ist R eine natürliche Zahl?

Lässt man n von 1 an laufen, erhält man für $n = 6$ als erstes eine natürliche Zahl für R, nämlich $R = \frac{3 \cdot 10^6 - 1}{7} = \frac{299\,999}{7} = 42\,857$.

Also lautet die gesuchte Zahl $z = 142\,857$

Probe: $z = 142\,857 \rightarrow z' = 428\,571$ mit $428\,571 = 3 \cdot 142\,857$.

26.8   L-10.8 Folgsamer Anhang (82721)

Sei $z = n(n + 1)$ mit $n \in \mathbb{N}$.

a) Es ist $n(n + 1) \cdot 100 + 25 = 100n^2 + 100n + 25 = (10n + 5)^2$.

b) Wir betrachten vier Fälle.

1. Fall: $n(n + 1)$ ist einstellig: $q = 250 + n(n + 1) \Rightarrow$ Für $n = 2$ ist $q = 256$.

2. Fall: $n(n + 1)$ ist zweistellig: $q = 2\,500 + n(n + 1) \Rightarrow$ Da $51^2 = 2\,601$, gibt es keine Lösung.

3. Fall: $n(n + 1)$ ist dreistellig: $q = 25\,000 + n(n + 1) \Rightarrow 158^2 < q < 162^2$.
   $159^2 = 25\,281 = 25\,000 + 281$, $160^2 = 25\,600 = 25\,000 + 600$, $161^2 = 25\,921 = 25\,000 + 921$,
   $z = 600 = 24 \cdot 25$ ist folgsam, 281 und 921 aber nicht.
   D.h. 600 ist eine Lösung.

4. Fall: Fall: $n(n + 1)$ ist vierstellig: $q = 250\,000 + n(n + 1) \Rightarrow 500^2 < q < 510^2$.
   $501^2, 503^2, 505^2, 507^2$ und 509^2 sind ungerade, also kann keine folgsame Zahl (gerade) entstehen.
   $502^2 = 252\,004, 504^2 = 254\,016, 506^2 = 256\,036, 508^2 = 258\,064$.
   Da 2004, 4 016, 6 036 und 8 064 keine folgsamen Zahlen sind, gibt es keine weitere Lösung.

Als Lösungen erhält man die folgsamen Zahlen $6 = 2 \cdot 3$ und $600 = 24 \cdot 25$.

26.9   L-10.9 Gibt's noch mehr? (72812)

Aus der Tatsache, dass der Nachfolger der Zahl durch $210 = 2 \cdot 3 \cdot 5 \cdot 7$ teilbar sein muss, folgt sofort, dass ihre letzte Ziffer 9 sein muss.

Die Quersumme der Zahl muss die Form $3k + 2$ haben, da $210 - 1 \equiv 2 \bmod 3$. Aufgrund der ersten Voraussetzung ist die Quersumme gerade. Also ist sie von der Form $3k + 2$, gerade, größer als 9 und höchstens 20. Somit kommen als Quersummen nur die Zahlen 14 und 20 in Frage, was 7 bzw. 10 Ziffern entspricht. Da sich gerade und ungerade Ziffern abwechseln, sind die kleinsten Lösungszahlen 1 010 109 und 2 101 010 109 mit den Quersummen 12 und 15, wenn man die Teilbarkeit durch 7 und den Rest 2 beim Teilen durch 3 unberücksichtigt lässt.

Die Quersumme im zweiten Fall ist ungerade, weshalb eine Quersumme 20 nicht erreicht werden kann. Im ersten Fall müssen wir die Quersumme um 2 vergrößern, also eine Ziffer um 2 erhöhen. Nun prüft man leicht nach, dass 1 010 309 die einzige Lösung ist, indem man die Teilbarkeitsbedingungen für 7 und 3 wieder berücksichtigt.

26.10   L-10.10 SP-Zahlen (82812)

a) Die einzige zweistellige SP-Zahl ist 22. Eine dreistellige SP-Zahl ist 123.

b) Die Ziffer 0 darf nicht vorkommen, sonst wird das Querprodukt 0. Mit 111? geht es nicht, weil die Summe immer größer als das Produkt ist. 1 122 und 1 123 passen nicht. Die kleinste vierstellige SP-Zahl ist daher 1 124.

c) Die Zahl $\overline{1x2y1}$ soll eine SP-Zahl sein, also ist $1 + x + 2 + y + 1 = 1 \cdot x \cdot 2 \cdot y \cdot 1$.

$$\Rightarrow x + y + 4 = 2xy \Rightarrow y = \frac{-x - 4}{1 - 2x} = \frac{4 + x}{2x - 1} \qquad (26.1)$$

Für $0 < x < 10$ erhalten wir:

x	1	2	3	4	5	6	7	8	9
y	5	2	$\frac{7}{5}$	$\frac{8}{7}$	1	$\frac{10}{11}$	$\frac{11}{13}$	$\frac{12}{15}$	$\frac{13}{17}$

Es gibt also genau drei solche Zahlen: 11 251 und 15 211 (QS = 10 = QP) und 12 221 (QS = 8 = QP).

26.11   L-10.11 Fünf Zahlen, drei Summenwerte (82813)

Wir bezeichnen die fünf Zahlen mit a, b, c, d und e und betrachten die vier Summen $a + b$, $a + c$, $a + d$ und $a + e$. Da es nur drei verschiedene Summenwerte gibt, müssen zwei der Summenwerte und damit mindestens zwei der fünf Zahlen gleich sein. Wählt man zwei gleiche Zahlen als Summanden, dann ist der Summenwert gerade, was nur 70 sein kann. Somit kommt die Zahl 35 unter den fünf Zahlen vor, und zwar mindestens zweimal.

Da es aber auch Summenwerte verschieden von 70 gibt, ist klar, dass die Zahl 35 nicht fünfmal angeschrieben sein kann. Es kann auch keine zwei weiteren Zahlen doppelt geben, da sonst ebenfalls ein weiterer gerader Summenwert vorhanden sein müsste.

Wäre nur eine der Zahlen verschieden von 35, dann könnte es nur zwei verschiedene Summenwerte geben. Somit gibt es mindestens zwei von 35 verschiedene Zahlen x und y an der Tafel, wobei gilt: $35 + x = 57$ und $35 + y = 83$ (oder umgekehrt). An der Tafel stehen mithin die Zahlen (57 − 35 =)22 und (83 − 35 =)48. Ihre Summe beträgt $22 + 48 = 70$.

Wäre die fünfte Zahl z größer als 48, dann wäre $48 + z > 2 \cdot 48 = 96 > 83$. Daher ist die größte Zahl an der Tafel gleich 48. Für die fünfte Zahl z kann nur $22 + z = 57$, $35 + z = 70$ und $48 + z = 83$ zutreffen, also $z = 35$. An der Tafel stehen somit die Zahlen 22, 35, 35, 35 und 48.

26.12   L-10.12 Die letzte Ziffer (72913)

Wir können das ursprüngliche Produkt in Gruppen mit zehn Faktoren einteilen:

$$1 \cdot 2 \cdot 3 \cdot \ldots \cdot 10; \quad 11 \cdot 12 \cdot 13 \cdot \ldots \cdot 20; \quad \ldots \tag{26.2}$$

Es werden also 202 Gruppen und die Zahl 2021 miteinander multipliziert. Nach dem „Ausdünnen" dieser Produkte, enden alle diese Produkte auf dieselbe Ziffer wie $1 \cdot 3 \cdot 7 \cdot 9$, nämlich 9. Da $9 \cdot 9 = 81$ ist und die Anzahl der Gruppen, 202, gerade ist, ist die letzte Ziffer der Produkte jeweils 1. Somit endet das gesamte Restprodukt wie $1 \cdot 2021$ auf 1.

26.13   L-10.13 Drei in Folge (82912)

Für ein beliebiges $k \in \mathbb{N}$ gilt: $b_k + b_{k+1} + b_{k+2} = 2020$ (1).
Also gilt auch: $b_{k+1} + b_{k+2} + b_{k+3} = 2020$ (2).
Aus (2) folgt $b_{k+1} + b_{k+2} = 2020 - b_{k+3}$.
Eingesetzt in (1) ergibt $b_k + 2020 - b_{k+3} = 2020$, d. h. $b_k = b_{k+3}$ für alle $k \in \mathbb{N}$.
Daraus folgt: $b_{666} = b_{669} = b_{1\,098} = 412$. Wegen $b_{1\,097} + b_{1\,098} + b_{1\,099} = 2020$ erhält man $998 + 412 + b_{1\,099} = 2020$, woraus folgt: $b_{1\,099} = 2020 - 1\,410 = 610$.
Da $2020 = 1\,099 + 3 \cdot 307$, folgt $b_{2020} = b_{1\,099} = 610$.

26.14   L-10.14 Fuemosumme (82922)

Die Primfaktorzerlegung der Zahl 4 420 lautet $4\,420 = 2 \cdot 2 \cdot 5 \cdot 13 \cdot 17$. Das kleinste gemeinsame Vielfache der Zahlen 13 und 17 ist kgV$(13,17) = 221$. Somit gibt es keine zweistellige Zahl, die durch die beiden Zahlen teilbar ist. Also muss eine der fünf Zahlen f, u, e, m und o durch 13 bzw. 17 teilbar sein.

Sei o.B.d.A. die Zahl f durch 17 und u durch 13 teilbar. Dann folgt $f \leq 5 \cdot 17 = 85$ und $u \leq 7 \cdot 13 = 91$. Angenommen, es gilt $f = 85$ und $u = 91$. Dann ist f durch 5 teilbar. Somit muss nur noch die Teilbarkeit durch 4 gezeigt werden. Falls f und u ungerade sind, kann nur noch $e \cdot m \cdot o$ ein Vielfaches von 4 sein. Daraus folgt: eine der Zahlen e, m und o muss durch 4 oder zwei der Zahlen müssen durch 2 teilbar sein. Im zweiten Fall erhält man den größeren Summenwert, also z. B. für $e = m = 98$ und $o = 99$. Es ist $S = f + u + e + m + o = 85 + 91 + 98 + 98 + 99 = 471$.

Wir überprüfen zuletzt noch die Möglichkeiten $f < 85$ und $u < 91$. Da jedoch die Zahlen f und u durch 17 bzw. 13 teilbar sein sollen, folgt $f \leq 85 - 17 = 68$ und $u \leq 91 - 13 = 78$. Dann kann der Summenwert im ersten Fall höchstens $S = 68 + 91 + 3 \cdot 99 = 456$ sein bzw. im zweiten Fall maximal den Wert $S = 85 + 78 + 3 \cdot 99 = 460$ haben. Damit ist $S = 471$ tatsächlich der Maximalwert.

Probe: $f \cdot u \cdot e \cdot m \cdot o = 85 \cdot 91 \cdot 98 \cdot 98 \cdot 99 = 7\,354\,407\,060 = 4\,420 \cdot$
1 663 893

26.15   L-10.15 Ziffernprodukt (73012)

Es gilt $900 = 30^2 = 5^2 \cdot 3^2 \cdot 2^2$. Daher muss in der gesuchten Zahl zweimal die Ziffer 5 stehen. Das Produkt der drei anderen Ziffern ist dann 36. Es gibt daher folgende Möglichkeiten für die fünf Ziffern der gesuchten Zahl:

a) $5, 5, 9, 4, 1$
b) $5, 5, 9, 2, 2$
c) $5, 5, 6, 6, 1$
d) $5, 5, 6, 3, 2$
e) $5, 5, 4, 3, 3$

Es gibt 10 Möglichkeiten für die Verteilung der beiden Ziffern 5 in einer fünfstelligen Zahl. Sind die restlichen drei Ziffern verschieden, gibt es jeweils sechs, sind zwei der restlichen drei Ziffern gleich, gibt es jeweils nur drei verschiedene Anordnungen für diese drei Ziffern. Wir haben daher $10 \cdot 6 + 10 \cdot 3 + 10 \cdot 3 + 10 \cdot 6 + 10 \cdot 3 = 210$ Zahlen mit dieser Eigenschaft.

26.16   L-10.16 Gleiche Summen (83012)

Wir bezeichnen die fünf aufeinanderfolgenden Zahlen mit $n - 2$, $n - 1$, n, $n + 1$ und $n + 2$ mit $n \in \mathbf{N}$ und $n > 3$. Dann gilt:

a) $(n - 2) + (n - 1) + n + (n + 1) + (n + 2) = 5n$.
   Da die Summen gleich sein müssen, ist die Summe aller fünf Zahlen gerade. Also ist $5n$ durch 2 teilbar. Da 2 kein Teiler von 5 ist, muss n durch 2 teilbar sein.
b) Es gibt die folgenden zehn Möglichkeiten, die Summen zu bilden.

$$(n - 2) + (n - 1) = n + (n + 1) + (n + 2) \Rightarrow 2n - 3 = 3n + 3 \Rightarrow n = -6$$
$$(n - 2) + n = (n - 1) + (n + 1) + (n + 2) \Rightarrow 2n - 2 = 3n + 2 \Rightarrow n = -4$$
$$(n - 2) + (n + 1) = (n - 1) + n + (n + 2) \Rightarrow 2n - 1 = 3n + 1 \Rightarrow n = -2$$
$$(n - 2) + (n + 2) = (n - 1) + n + (n + 1) \Rightarrow 2n = 3n \Rightarrow n = 0$$
$$(n - 1) + n = (n - 2) + (n + 1) + (n + 2) \Rightarrow 2n - 1 = 3n + 1 \Rightarrow n = -2$$
$$(n - 1) + (n + 1) = (n - 2) + n + (n + 2) \Rightarrow 2n = 3n \Rightarrow n = 0$$
$$(n - 1) + (n + 2) = (n - 2) + n + (n + 1) \Rightarrow 2n + 1 = 3n - 1 \Rightarrow n = 2$$
$$n + (n + 1) = (n - 2) + (n - 1) + (n + 2) \Rightarrow 2n + 1 = 3n - 1 \Rightarrow n = 2$$
$$n + (n + 2) = (n - 2) + (n - 1) + (n + 1) \Rightarrow 2n + 2 = 3n - 2 \Rightarrow n = 4$$
$$(n + 1) + (n + 2) = (n - 2) + (n - 1) + n \Rightarrow 2n + 3 = 3n - 3 \Rightarrow n = 6$$

Nur die Zahlen $n = 4$ und $n = 6$ erfüllen alle Bedingungen der Aufgabenstellung. Es gibt somit genau zwei Lösungen, nämlich 2,3,4,5,6 mit $2 + 3 + 5 = 4 + 6 = 10$ und 4,5,6,7,8 mit $4 + 5 + 6 = 7 + 8 = 15$.

26.17 L-10.17 Der kleinste Nichtteiler (73023)

Die gesuchte kleinste Zahl ist 100.

1. Da es keine Zebra-Zahl gibt, die auf zwei Nullen endet, kann 100 nicht Teiler einer Zebra-Zahl sein. Es ist zu zeigen, dass es zu jeder Zahl $x \in \{1, 2, 3, \ldots, 98, 99\}$ eine Zebra-Zahl gibt, die durch x teilbar ist.
2. Sei $x = 10a + b$ mit $a \in \{1, 2, 3, 4, \ldots, 9\}$, $b \in \{0, 1, 2, 3, 4, \ldots, 9\}$ und $a \neq b$ Dann ist wegen $a \neq b$ die Zahl $101 \cdot x = (10a + b) \cdot (100 + 1) = 1\,000a + 100b + 10a + b$ eine Zebra-Zahl, die durch x teilbar ist.
3. Nun ist noch zu zeigen, dass es Zebra-Zahlen gibt, die durch 11,22,...,99 teilbar sind. Durch Probieren oder mit Hilfe der Regel für die Teilbarkeit durch 11 finden wir:
   Die Zebra-Zahl

$$z = 101\,010\,101\,010\,101\,010\,101 = 11 \cdot 92\,736\,455\,463\,728\,191 \qquad (26.3)$$

ist durch 11 teilbar. Damit ist aber auch $x \cdot z$ mit $x \in \{2, 3, 4, \ldots, 9\}$ durch $11x$ teilbar.

26.18 L-10.18 Suche (83022)

Es sei z eine zweistellige Zahl mit der Dezimaldarstellung $z = 10a + b$, für die gelten soll $10a + b = ab = 4a + b^2$ für natürliche Zahlen a und b mit $0 < a \leq 9$ und $0 \leq b \leq 9$.
Daraus folgt $6a = b(b - 1)$ und daraus $a = \frac{b(b-1)}{6}$. Also teilt 6 das Produkt $b(b - 1)$, da a eine Ziffer ist.

1. Fall: Es sei 6 ein Teiler von b. Daraus folgt, dass $b = 0$ oder $b = 6$, da b eine Ziffer ist. Für $b = 0$ ist $a = 0$, im Widerspruch zu $a > 0$.
   Für $b = 6$ ist $a = \frac{6 \cdot 5}{6} = 5$. Also ist $z = 56$.
2. Fall: Es sei 6 ein Teiler von $(b - 1)$. Somit gilt $b = 7$, da b eine Ziffer ist und damit $a = 7$. Also ist $z = 77$.
3. Fall: Es sei 2 ein Teiler von b und 3 ein Teiler von $(b - 1)$. Somit gilt $b = 4$ und damit $a = 2$. Also ist $z = 24$.

4. Fall: Es sei 3 ein Teiler von b und 2 ein Teiler von $(b-1)$. Somit gilt $b = 3$ oder $b = 9$. Mit $b = 3$ ist $a = 1$, also $z = 13$. Mit $b = 9$ erhalten wir $a = 12$, im Widerspruch zu $a < 10$.

Nur die Zahlen 13, 24, 56 und 77 erfüllen die Bedingungen der Aufgabenstellung.
  Probe: $13 = 4 + 9, 24 = 8 + 16, 56 = 20 + 36, 77 = 28 + 49$

Kapitel 27
Winkel und Seiten

27.1 L-11.1 26° im 2017-Eck (82611)

Die Winkelsumme im konvexen 2017-Eck beträgt $2015 \cdot 180° = 362\,700°$.
Die gesuchte Anzahl der Winkel mit der Größe 26° sei x.
Da es sich um ein konvexes 2017-Eck handelt, ist jeder der 2017 Innenwinkel kleiner als 180°.

Somit gilt:

$$362\,700 - x \cdot 26 < 180 \cdot (2017 - x)$$
$$362\,700 - x \cdot 26 < 363\,060 - 180 \cdot x$$
$$180 \cdot x - x \cdot 26 < 360$$
$$154 \cdot x < 360$$
$$\Rightarrow x < 2{,}33$$

Also hat ein konvexes 2 017-Eck höchstens zwei Innenwinkel der Größe 26°.

27.2 L-11.2 Innenwinkel im Dreieck (72621)

Wir beziehen uns auf Abb. 27.1.
Aus $|AB| = |BD|$ folgt $|\sphericalangle BAD| = |\sphericalangle ADB|$.
Aus $|BD| = |DC|$ folgt $|\sphericalangle CBD| = |\sphericalangle DCB| = \gamma$.
Da $\overline{BD}$ die Winkelhalbierende des Winkels $\sphericalangle CBA$ ist,
folgt $= |\sphericalangle DBA| = |\sphericalangle CBD| = |\sphericalangle DCB| = \gamma$.
Die Winkelsumme im Dreieck DBC beträgt 180°. Also gilt $|\sphericalangle BDC| = 180° - 2\gamma$.

© Der/die Autor(en), exklusiv lizenziert an Springer-Verlag GmbH, DE, ein Teil von
Springer Nature 2023
L. Andrews et al., *Aufgaben und Lösungen der Fürther Mathematik-Olympiade 2017–2022*, https://doi.org/10.1007/978-3-662-66721-7_27

Abb. 27.1 Innenwinkel im
Dreieck

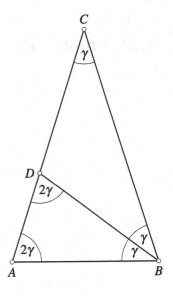

Da der Winkel $\sphericalangle ADB$ Nebenwinkel des Winkels $\sphericalangle BDC$ ist, gilt
$|\sphericalangle ADB| = 180° - (180° - 2\gamma) = 2\gamma$.
Die Winkelsumme im Dreieck ABC beträgt $180°$.
Also gilt $|\sphericalangle CAB| = 180° - (180° - 2\gamma) = 2\gamma$.
Somit gilt für das Dreieck $ABC : \gamma + 2\gamma + 2\gamma = 5\gamma = 180°$.
Damit gilt $\gamma = |\sphericalangle ACB| = 36°$.

27.3 L-11.3 Drei Punkte auf einer Geraden (82621)

Wir entnehmen alle Bezeichnungen Abb. 27.2.

a) Es gilt $|\sphericalangle ADE| = 60° + 90° = 150°$.
   Da $|AD| = |DE|$ gilt, ist das Dreieck AED gleichschenklig.
   Daraus folgt

$$|\sphericalangle EAD| = |\sphericalangle DEA|.$$

$$\rightarrow |\sphericalangle EAD| = |\sphericalangle DEA| = \frac{1}{2}(180° - 150°) = 15°$$

$$\rightarrow |\sphericalangle AEC| = 60° - 15° = 45°.$$

Weiter gilt

Abb. 27.2 Drei Punkte auf
einer Geraden

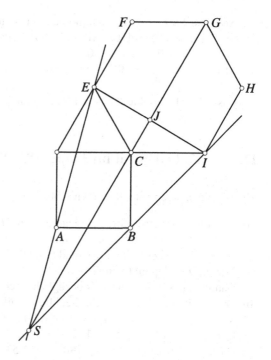

$$|\sphericalangle ECB| = 60° + 90° = 150°$$

$$|\sphericalangle IBC| = \frac{1}{2} \cdot 90° = 45°, \text{ da das Dreieck } BIC \text{ gleichschenklig rechtwinklig ist.}$$

$$\rightarrow |\sphericalangle CBS| = 180° - 45° = 135°$$

$$\rightarrow |\sphericalangle BSA| = 360° - 45° - 150° - 135° = 30° \text{ (Winkelsumme im Viereck } SBCE).$$

b) Um zu zeigen, dass die Punkte G, C und S auf einer Geraden liegen, ist zu zeigen
   dass gilt:
   $|\sphericalangle SCG| = |\sphericalangle SCB| + |\sphericalangle BCI| + |\sphericalangle ICG| = 180°.$
   Es gilt $|\sphericalangle ICE| = 120°$ (Innenwinkel im regelmäßigen Sechseck).
   Da $|IC| = |CE|$, gilt $|\sphericalangle CEI| = |\sphericalangle EIC|$.
   Also gilt $|\sphericalangle CEI| = |\sphericalangle EIC| = \frac{1}{2}(180° - 120°) = 30°.$
   Die Diagonalen CG und IE des regelmäßigen Sechsecks $CIHGFE$ stehen
   senkrecht aufeinander und schneiden sich hier im Punkt J. Daraus folgt
   $|\sphericalangle ICG| = 180° - 90° - 30° = 60°.$
   Wegen der Konstruktion der Ausgangsfigur gilt $|\sphericalangle BCI| = 90°$.
   Nun gilt für die Winkelsumme im Dreieck SIJ

$$180° = |\sphericalangle ISJ| + |\sphericalangle SJI| + |\sphericalangle JIS|$$
$$180° = |\sphericalangle ISJ| + 90° + (30° + 45°)$$
$$\rightarrow |\sphericalangle ISJ| = 15°.$$

Aus dem Satz über die Summe der Innenwinkel im Dreieck, angewandt auf
das Dreieck SIC, folgt $|\sphericalangle SCI| = 180° - 45° - 15° = 120°$. Daraus folgt für
$|\sphericalangle SCB| = 120° - 90° = 30°$.
Also gilt $|\sphericalangle SCG| = 30° + 90° + 60° = 180°$.

Das heißt, die Punkte G, C und S liegen auf einer Geraden.

27.4   L-11.4 Quadrat im Trapez (82722)

Alle Bezeichnungen entnehmen wir Abb. 27.3.

a) Sei s die Symmetrieachse des Quadrats $ABCD$, d. h. $A' = B$ und $D' = C$. Dann
   ist BD die Bildgerade von AC und der Kreis $k_2(D, r = a)$ der Bildkreis von
   $k_1(C, r = a)$. Da E durch AC und k_1 (außerhalb von $[AC]$) eindeutig bestimmt
   sind, ist F Bildpunkt von E.
   Damit ist das Trapez $ABCD$ bezüglich s achsensymmetrisch.
b) Da das Dreieck FAD gleichschenklig ist, gilt $\sphericalangle DAF = \sphericalangle AFD$.
   Mit $|\sphericalangle FDA| = 180° - 45° = 135°$ folgt $|\sphericalangle DAF| = \frac{180° - 135°}{2} = 22{,}5°$ also ist
   $|\sphericalangle BAF| = 90° + 22{,}5° = 112{,}5° = |\sphericalangle EBA|$ (Symmetrie).
   Da $AB \parallel FE$ ist $|\sphericalangle AFE| = 180° - 112{,}5° = 67{,}5° = |\sphericalangle FEB|$.

Abb. 27.3 Quadrat im
Trapez

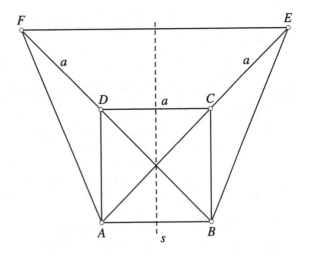

Abb. 27.4 Alpha und Beta

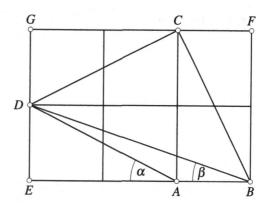

27.5 L-11.5 Alpha und Beta (82811)

Wir betrachten Abb. 27.4.

Nach Kongruenzsatz SWS gilt $\triangle EAD \cong \triangle BFC \cong \triangle DCG$.

Also ist $|\sphericalangle FBC| = \alpha$ und $|\sphericalangle DCG| = \alpha$ und $|BC| = |DC|$.

Aus $|\sphericalangle BCF| = 90° - \alpha$ folgt $|\sphericalangle BCF| + |\sphericalangle DCG| = 90°$.

Das Dreieck DBC ist gleichschenklig-rechtwinklig, d.h. $|\sphericalangle CBD| = 45°$.

$\Rightarrow 90° = |\sphericalangle FBE| = |\sphericalangle FBC| + 45° + |\sphericalangle DBE| = \alpha + 45° + \beta = 90° \Rightarrow \alpha + \beta = 45°$.

27.6 L-11.6 Doppelt lang (82822)

Wir beziehen uns auf Abb. 27.5. Hier ist $\gamma < 90°$.

Weil $|\sphericalangle ADE| = 90°$, liegt D auf dem Thaleskreis über $\overline{AE}$ mit dem Mittelpunkt M. Das Dreieck AMD ist gleichschenklig mit $|\sphericalangle MAD| = |\sphericalangle ADM| = \frac{\alpha}{2}$. Daraus folgt nach dem Außenwinkelsatz im Dreieck $|\sphericalangle BMD| = \alpha$.

Weil das Dreieck ABC gleichschenklig ist, gilt $\beta = \alpha$. Somit ist auch das Dreieck MBD gleichschenklig und es folgt $|AE| = 2 \cdot |BD|$.

27.7 L-11.7 Fünf Strecken (72922)

a) Wir beziehen uns auf Abb. 27.6.

Die fünf Stecken schneiden sich in einem Punkt Z. Wir suchen die Summe der (markierten) Winkel $\alpha_1, \alpha_2, \ldots, \alpha_{10}$. Aus dem Innenwinkelsatz im Dreieck (angewendet auf die fünf Dreiecke mit den markierten Winkeln) folgt

Abb. 27.5 Doppelt lang

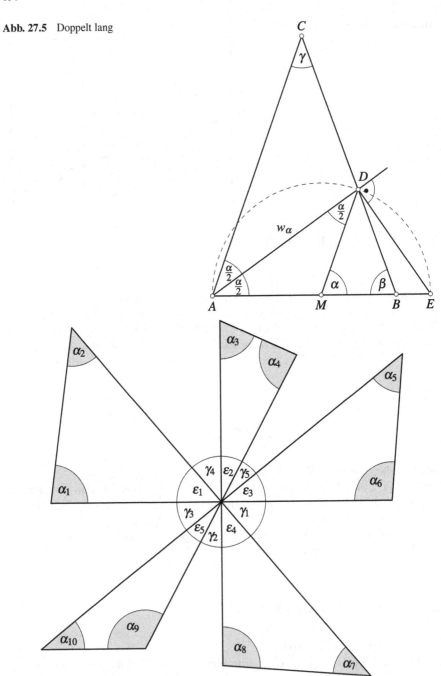

Abb. 27.6 Fünf Strecken a)

$$\alpha_1 + \alpha_2 + \ldots + \alpha_{10} = 5 \cdot 180° - (\epsilon_1 + \epsilon_2 + \epsilon_3 + \epsilon_4 + \epsilon_5)$$
$$= 900° - (\epsilon_1 + \epsilon_2 + \epsilon_3 + \epsilon_4 + \epsilon_5). \ (1)$$

γ_1 ist Scheitelwinkel zu ϵ_1, γ_2 ist Scheitelwinkel zu ϵ_2, γ_3 ist Scheitelwinkel zu ϵ_3, γ_4 ist Scheitelwinkel zu ϵ_4 und γ_5 ist Scheitelwinkel zu ϵ_5. Es gilt also

$$\gamma_1 = \epsilon_1, \gamma_2 = \epsilon_2, \gamma_3 = \epsilon_3, \gamma_4 = \epsilon_4, \gamma_5 = \epsilon_5. \ (2)$$

Diese zehn Winkel bilden einen Vollwinkel und somit gilt

$$360° = \epsilon_1 + \epsilon_2 + \epsilon_3 + \epsilon_4 + \epsilon_5 + \gamma_1 + \gamma_2 + \gamma_3 + \gamma_4 + \gamma_5.$$

Wegen (2) folgt daraus

$$\epsilon_1 + \epsilon_2 + \epsilon_3 + \epsilon_4 + \epsilon_5 = 180°.$$

Eingesetzt in (1) ergibt

$$\alpha_1 + \alpha_2 + \ldots + \alpha_{10} = 900° - 180° = 720°.$$

b) In Abb. 27.7 sind zwei Beispiele gezeigt.
Im linken Bild ist die Summe der markierten Winkel $4 \cdot (180° - 45°) = 540°$.
Im rechten Bild ist die Summe der markierten Winkel $4 \cdot (180° - 30°) = 600°$.
Die Summe der markierten Winkel ist im Fall, dass sich vier Strecken wie gefordert schneiden, also nicht eindeutig.

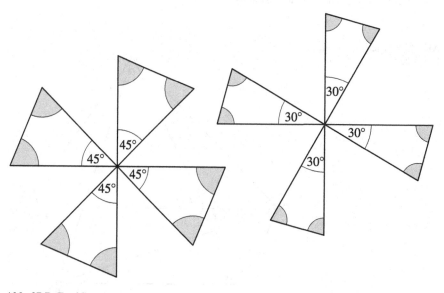

Abb. 27.7 Fünf Strecken b)

27.8   L-11.8 Gleichschenklige Dreiecke (82923)

Wir beziehen uns auf Abb. 27.8.
Um zu zeigen, dass das Dreieck EBF gleichschenklig ist, zeigen wir, dass $|BE| = |BF|$ gilt. Dazu zeigen wir, dass gilt $\triangle ABE \cong \triangle BCF$.
Aus den Voraussetzungen und den Parallelogrammeigenschaften folgt:

$$|AE| = |AD| = |BC|$$
$$|AB| = |CD| = |CF|$$

Wir setzen $|\sphericalangle BAF| = \alpha$.
Dann ist $|\sphericalangle CDF| = \alpha$ (Stufenwinkel) und $|\sphericalangle DFC| = \alpha$, da das Dreieck FDC gleichschenklig ist ($|CD| = |CF|$). Somit gilt $\gamma = |\sphericalangle FCE| = 180° - 2\alpha$ (Innenwinkelsatz im Dreieck).
Weiter gilt $|\sphericalangle EDA| = |\sphericalangle CDF| = \alpha$ (Scheitelwinkel).
Da das Dreieck EAD gleichschenklig mit $|AE| = |AD|$ ist, gilt $|\sphericalangle DEA| = |\sphericalangle EDC| = \alpha$ und somit $|\sphericalangle DAE| = 180° - 2\alpha = \gamma$ (Innenwinkelsatz im Dreieck EAD).
Da das Viereck $ABCD$ ein Parallelogramm ist, gilt $|\sphericalangle BAD| = |\sphericalangle DCB|$. Da der Punkt D auf der Strecke $\overline{AF}$ liegt, gilt also $|\sphericalangle BAD| = |\sphericalangle BAF| = \alpha = |\sphericalangle DCB|$.
Wir erhalten schließlich $|\sphericalangle BAE| = \alpha + \gamma = |\sphericalangle FCB|$.
Damit sind die Dreiecke ABE und BCE nach Kongruenzsatz SWS kongruent und es gilt $\overline{BE} = \overline{BF}$.
Das Dreieck EBF ist also gleichschenklig.

Abb. 27.8 Gleichschenklige
Dreiecke

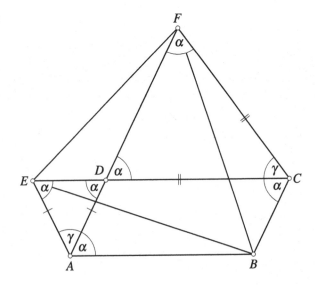

27.9 L-11.9 Punkt im Quadrat (73021)

Wir entnehmen alle Bezeichnungen Abb. 27.9.

Die gesuchten Abstände werden über die Flächenformel eines Dreiecks ermittelt.
Es sei $\overline{FH}$ das Lot von F auf $\overline{AD}$ und $\overline{FG}$ das Lot von F auf $\overline{BD}$. Es sei $|FG| = x$.
Damit ist x der Abstand zur Seite BC. Es gilt $|FH| = 6 - x$.

Da die Flächeninhalte der Dreiecke AFE und BCF gleich sind und E der Mittelpunkt der Seite AD ist, gilt

$$\frac{1}{2} \cdot \frac{6}{2} \cdot (6 - x) = \frac{1}{2} \cdot 6 \cdot x$$

$$\Rightarrow \frac{6 - x}{2} = x$$

$$\Rightarrow x = \frac{6}{3} = 2.$$

Der Abstand des Punktes F zur Seite $\overline{BC}$ beträgt also 2.

Für die Flächeninhalte der Dreiecke ABF, ECD, BCF und des Quadrates $ABCD$
gilt $A(ABF) = A(ABCD) - A(ECD) - 2 \cdot A(BCF)$ und $A(ABCD) = 6^2 = 36$,
$A(ECD) = \frac{1}{2} \cdot 6 \cdot \frac{6}{2} = 9$, $A(BCF) = \frac{1}{2} \cdot 2 \cdot 6 = 6$.

Abb. 27.9 Punkt im
Quadrat

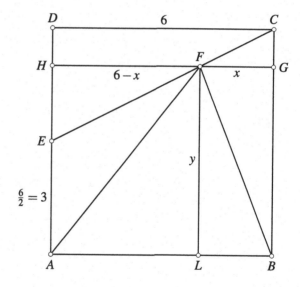

Folglich ist

$$A(ABF) = 36 - 9 - 2 \cdot 6 = 15.$$

Es sei nun $y = |FL|$ Länge der Höhe von F auf die Seite $\overline{AB}$ im Dreieck ABF.

Somit ist y der Abstand des Punktes F zur Seite $\overline{AB}$. Es gilt $A(ABF) = 15 = \frac{1}{2} \cdot 6 \cdot y$. Daraus folgt $y = \frac{15}{3} = 5$. Der Abstand des Punktes F zur Seite $\overline{AB}$ beträgt also 5.

Kapitel 28
Flächenbetrachtungen

28.1 L-12.1 Resteck (72713)

Wir entnehmen alle Bezeichnungen Abb. 28.1.
Die Strecke $\overline{FG}$ sei die Höhe h des Parallelogrammes $ABCD$. Die Längen der Seiten $\overline{AB}$ und $\overline{CD}$ bezeichnen wir mit a.
Für den Flächeninhalt A_P des Parallelogrammes $ABCD$ gilt somit $A_P = a \cdot h = 1$.
M ist auch der Mittelpunkt der Strecke $\overline{FG}$ und somit gilt $|FM| = |MG| = \frac{1}{2}h$.
Für die Flächeninhalte A_1 und A_2 der Dreiecke MCD und ABM gilt $A_1 = A_2 = \frac{1}{2} \cdot \frac{1}{2}ha = \frac{1}{4}ha = \frac{1}{4}$ (1).
Da L der Mittelpunkt der Strecke $\overline{MC}$ ist, ist BL Seitenhalbierende der Seite $\overline{MC}$ im Dreieck MBC.
Somit gilt $A_3 = A_4$ (2), da eine Seitenhalbierende das Dreieck in zwei flächengleiche Dreiecke teilt.

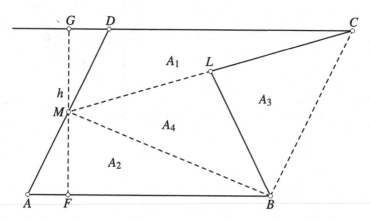

Abb. 28.1 Resteck

L. Andrews et al., *Aufgaben und Lösungen der Fürther Mathematik-Olympiade 2017–2022*, https://doi.org/10.1007/978-3-662-66721-7_28

Aus $A_P = A_1 + A_2 + A_3 + A_4 = 1$ sowie (1) und (2) erhalten wir $\frac{1}{4} + \frac{1}{4} + 2A_4 = 1$. Somit gilt $A_4 = \frac{1}{4}$.

Für den Flächeninhalt A_F des Fünfecks $ABLCD$ folgt somit: $A_F = A_1 + A_2 + A_4 = \frac{3}{4}$.

28.2 L-12.2 Dreieck im Quadrat (72811)

Das Quadrat habe den Flächeninhalt Q. Das Dreieck ACD hat dann den Inhalt $\frac{1}{2}Q$. Da M die Mitte der Strecke $\overline{DA}$ ist, besitzen die Dreiecke DMC und MAC den gleichen Inhalt $\frac{1}{4}Q$. Der Punkt O ist der Mittelpunkt des Quadrats und damit ist MO parallel zu AB bzw. CD (Abb. 28.2). Die Dreiecke MOC und OMA sind ebenfalls flächengleich:

$$A_{MOC} = A_{OMA} = \frac{1}{8}Q$$

Da MN nach Voraussetzung senkrecht auf AO steht, besitzt das Dreieck OMN den Flächeninhalt

$$A_{OMN} = \frac{1}{2} \cdot \frac{1}{8}Q = \frac{1}{16}Q.$$

Damit ist der Flächeninhalt A des grauen Dreiecks MNC gleich

$$A = \frac{1}{8}Q + \frac{1}{16}Q = \frac{3}{16}Q.$$

Abb. 28.2 Dreieck im Quadrat

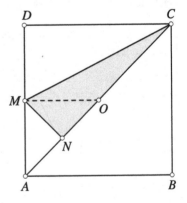

28.3 L-12.3 Rechteckzerlegung (72823)

Wir beziehen uns auf Abb. 28.3.

a) Es seien $a = |AB|$ und $b = |BC|$. Weiterhin bezeichnen wir den Flächeninhalt eines Dreiecks ABC mit $A(ABC)$. Dann gilt

$$A_1 = A(ABS) = \frac{1}{2} \cdot a \cdot h_1 = 8 \Rightarrow a \cdot h_1 = 16$$

$$A_2 = A(SBC) = \frac{1}{2} \cdot b \cdot h_2 = 15 \Rightarrow b \cdot h_2 = 30$$

$$A_3 = A(SCD) = \frac{1}{2} \cdot a \cdot h_3 = 16 \Rightarrow a \cdot h_3 = 32.$$

Wegen $h_1 + h_3 = b$ folgt $a \cdot b = a(h_1 + h_2) = a \cdot h_1 + a \cdot h_3 = 16 + 32 = 48$. Damit ist $b = 48 \div 8 = 6$ und wir erhalten

$$A_4 = A(DAS) = a \cdot b - (A_1 + A_2 + A_3) = 48 - (8 + 15 + 16) = 9.$$

b) Es gilt $a = 8$ und wegen $8 \cdot h_1 = 16$ ist $h_1 = 2$ und wegen $6 \cdot h_2 = 30$ ist $h_2 = 5$. Ist A der Ursprung des Koordinatensystems und $[AB$ die x-Achse und $[AD$ die y-Achse, dann hat der Punkt S wegen $8 - 5 = 3$ die Koordinaten $(3; 2)$.

Abb. 28.3
Rechteckzerlegung

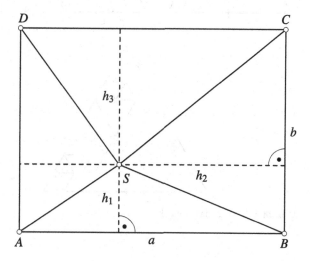

28.4 L-12.4 Zerlege das Dreieck (72911)

Ein gleichseitiges Dreieck kann man in vier gleichseitige Dreiecke zerlegen, indem man die drei Mittellinien einzeichnet. Die Abb. 28.4 zeigt die Zerlegungen für $n = 4$, 6, 8 und 29.

Zerlegen wir ein Dreieck innerhalb einer n-Zerlegung in vier Teile (Abb. 28.4), so erhöht sich die Gesamtanzahl von Dreiecken um 3. Wendet man diesen Trick auf unsere Fälle an, so können wir ein gleichseitiges Dreieck in $4 + 3k$, $6 + 3k$ und $8 + 3k$ Teile mit $k = 1, 2, 3 \ldots$ zerlegen. Es gilt

$$29 = 8 + 3 \cdot 7 = 8 + 21 \text{ und}$$
$$2\,020 = 4 + 3 \cdot 672 = 4 + 2\,016.$$

Somit gibt es für jede der Zahlen 4, 6, 29 und 2 020 mindestenseine Zerlegung.

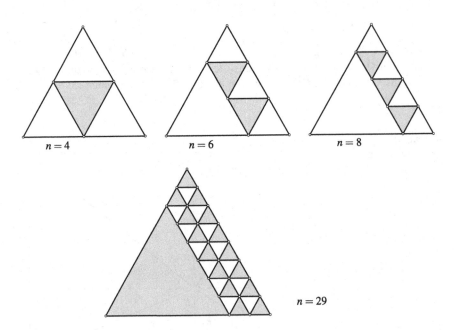

Abb. 28.4 Zerlege das Dreieck

28.5   L-12.5 Flächenvergleich (82911)

Wir entnehmen alle Bezeichnungen Abb. 28.5.
Wir bezeichnen mit A_R den Flächeninhalt der Raute $ADCB$.
  Es gilt

$$A_{AEB} = \frac{1}{2}A_R = g + w_2 + w_3 \quad (1)$$

$$A_{BFC} = \frac{1}{2}A_R = g + w_1 + w_4 \quad (2)$$

$$\frac{1}{2}A_R = w_1 + G_1 + G_3 + w_4 + G_2 \quad (3) \text{ (folgt aus (1))}$$

$$\frac{1}{2}A_R = w_2 + G_2 + G_3 + w_3 + G_1 \quad (4) \text{ (folgt aus (2))}.$$

Aus (1) und (2) folgt $w_2 + w_3 = w_1 + w_4$ (5).
Aus (3) folgt $G_1 + G_2 + G_3 = \frac{1}{2}A_R - (w_1 + w_4)$ (6).
Aus (4) folgt $G_1 + G_2 + G_3 = \frac{1}{2}A_R - (w_2 + w_3)$ (7).
Aus (1) folgt auch $g = \frac{1}{2}A_R - (w_2 + w_3)$ und somit wegen (7) $g = G_1 + G_2 + G_3$.
  Der hellgraue und der dunkelgraue Anteil an der Raute sind also gleich groß.

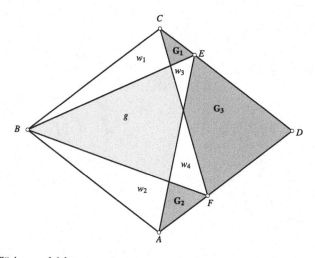

Abb. 28.5 Flächenvergleich

28.6   L-12.6 Fläche am Kreis (83011)

Wir betrachten die Dreiecke APB und AOB und können die Seite $\overline{AB}$ als gemeinsame Basis wählen. Beide Dreiecke sind dann wegen der Parallelität der Geraden OP zu AB flächengleich. Die graue Fläche der Abb. 12.5 in der Aufgabenstellung 12.6 ist dann inhaltsgleich zur gefärbten Fläche in Abb. 28.6. Da $|AB| = r$ (Kreisradius) gilt, ist das Dreieck ABO gleichseitig mit $|\sphericalangle BOA| = 60°$. Der gefärbte Sektor entspricht dann einem Sechstelkreis, d. h. die gefärbte Fläche entspricht $A = \frac{1}{6}\pi r^2$.

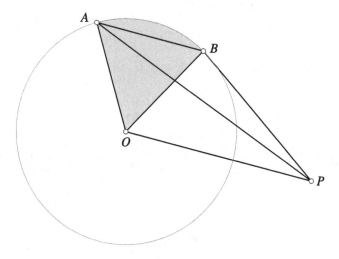

Abb. 28.6 Fläche am Kreis

Kapitel 29
Geometrische Algebra

29.1 L-13.1 Das FüMO-Dreieck (82713)

a) Wir betrachten Abb. 29.1 (nicht maßstäblich).

Für den Flächeninhalt des Dreiecks FMO gilt:

$$A(FMO) = A(BMO) - A(AFO) - A(ABCF) - A(FCM)$$
$$= \frac{2018 \cdot 2019}{2} - \frac{27 \cdot 20}{2} - 1991 \cdot 20 - \frac{1991 \cdot 1999}{2}$$
$$= 7076{,}5 \text{ Flächeneinheiten}$$

b) Wir betrachten Abb. 29.2 und 29.3.

Für die n-te und $(n+1)$-te FüMO erhalten wir für den Flächeninhalt des Dreiecks FMO:

$$A(FMO) = A(BMO) - A(AFO) - A(ABCF) - A(FCM)$$
$$= \frac{(1991+n) \cdot (1992+n)}{2} - \frac{n \cdot (n-7)}{2} - 1991 \cdot (n-7)$$
$$\quad - \frac{1991 \cdot 1999}{2}$$
$$= \frac{(1992+n) \cdot (1993+n)}{2} - \frac{(n+1) \cdot (n-6)}{2} - 1991 \cdot (n-6)$$
$$\quad - \frac{1991 \cdot 1999}{2}$$

© Der/die Autor(en), exklusiv lizenziert an Springer-Verlag GmbH, DE, ein Teil von
Springer Nature 2023
L. Andrews et al., *Aufgaben und Lösungen der Fürther Mathematik-Olympiade 2017–2022*, https://doi.org/10.1007/978-3-662-66721-7_29

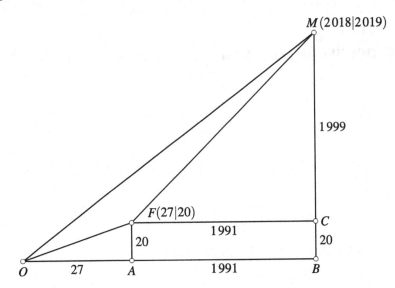

Abb. 29.1 FüMO-Dreieck a)

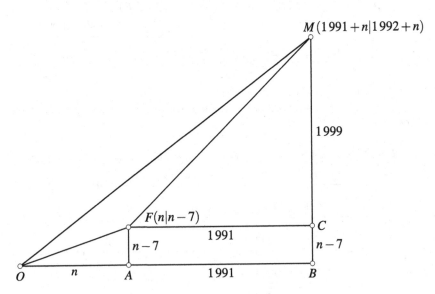

Abb. 29.2 FüMO-Dreieck b) für Jahr $1991 + n$, n-te FüMO

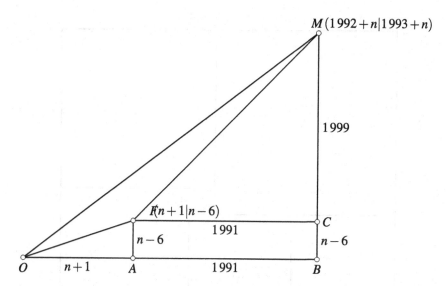

Abb. 29.3 FüMO-Dreieck c) für Jahr $1992 + n$, $(n + 1)$-te FüMO

Nun bilden wir die Differenz der beiden Flächeninhalte und erhalten:

$$\frac{(1\,992 + n) \cdot (1\,993 + n)}{2} - \frac{(n + 1) \cdot (n - 6)}{2} - 1\,991 \cdot (n - 6) - \frac{1\,991 \cdot 1\,999}{2} -$$

$$[\frac{(1\,991 + n) \cdot (1\,992 + n)}{2} - \frac{n \cdot (n - 7)}{2} - 1\,991 \cdot (n - 7) - \frac{1\,991 \cdot 1\,999}{2}]$$

$$= \frac{(1\,993 + n)(1\,992 + n) - (1\,991 + n)(1\,992 + n)}{2} - \frac{n^2 - 5n - 6}{2} + \frac{n^2 - 7n}{2}$$

$$- 1\,991n + 1\,991 \cdot 6 + 1\,991n - 1\,991 \cdot 7$$

$$= \frac{2(1\,992 + n)}{2} + \frac{n^2 - 7n - n^2 + 5n + 6}{2} - 1\,991$$

$$= 1\,992 + n + \frac{6 - 2n}{2} - 1\,991$$

$$= 1 + n + 3 - n = 4$$

Das FüMO-Dreieck wird also jedes Jahr um 4 Flächeneinheiten größer.

29.2 L-13.2 Sechs Quadrate (73011)

Die Quadratseiten werden absteigend mit a, b, c, d bezeichnet (Abb. 29.4). Es gilt:

(1) $d + 2 = c$
(2) $c + 2 = b$

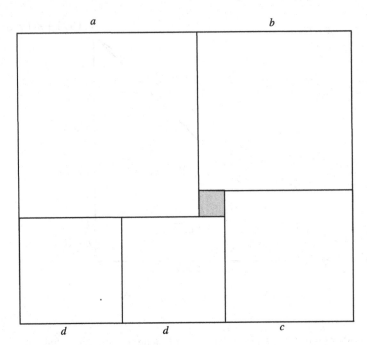

Abb. 29.4 Sechs Quadrate

(3) $b + 2 = a$
(4) $a + 2 = 2d$

Setzen wir (1) in (2) ein, erhalten wir $b = d + 4$ (5).
Setzen wir (5) in (3) ein, erhalten wir $a = d + 6$ (6).
Setzen wir (6) in (4) ein, erhalten wir $d + 8 = 2d$ und daraus folgt $d = 8$ und daraus folgt $a = 14$ und daraus folgt $b = 12$ und schließlich $c = 10$.

Für den Flächeninhalt des Quadrates ergibt sich $A = (a + b)(c + b) = 26 \cdot 22 = 572\,[\text{m}^2]$ oder $A = (a + d)(2d + c) = 22 \cdot 26 = 572\,[\text{m}^2]$.

29.3   L-13.3 Maximal und $\frac{1}{2} f^2$ (83023)

a) Maximalen Flächeninhalt erreicht man, wenn die Höhen in den Dreiecken $F\ddot{U}M$ und MOF maximal sind. Die größtmögliche Sehne eines Kreises ist ein Durchmesser. Daher müssen $\ddot{U}$ und O auf der Mittelsenkrechten zu $\overline{FM}$ durch B liegen. Es sei S der Schnittpunkt dieser Mittelsenkrechten mit der betrachteten Sehne $\overline{FM}$ (Abb. 29.5 links).

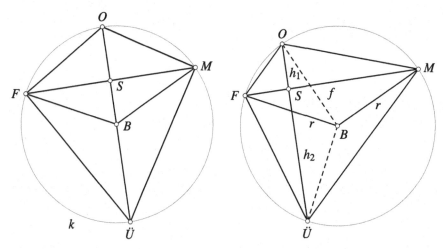

Abb. 29.5 Maximal und $\frac{1}{2}f^2$

Es gilt $A = \frac{1}{2} \cdot f \cdot |SO| + \frac{1}{2} \cdot f \cdot |S\ddot{U}| = \frac{1}{2} \cdot f \cdot (|SO| + |S\ddot{U}|) = \frac{1}{2} \cdot f \cdot 2r = f \cdot r$.

b) Wir drehen das Dreieck FBM um 90° um den Punkt B im mathematisch positiven Sinne. Bei dieser Drehung geht der Punkt M in den Punkt O und der Punkt F in den Punkt $\ddot{U}$ über. Es gilt also $|FM| = |O\ddot{U}|$. Den Schnittpunkt der senkrecht aufeinander stehenden Strecken $\overline{FM}$ und $\overline{O\ddot{U}}$ bezeichnen wir mit S. Es sei $h_1 = |OS|$ und $h_2 = |S\ddot{U}|$ (Abb. 29.5 rechts).

Das so erhaltene Viereck $F\ddot{U}MO$ hat den Flächeninhalt A mit

$$A = \frac{1}{2}|FM|\,h_1 + \frac{1}{2}|FM|\,h_2$$
$$= \frac{1}{2}f(h_1 + h_2) = \frac{1}{2}f^2$$

wie gefordert.

Kapitel 30
Besondere Zahlen

30.1 L-14.1 2017 versteckt (82612)

Die Zahl bzw. Teilzahl „2 017" ist 13-mal in den folgenden Zahlen enthalten:
2 017, 12 017, 22 017 sowie von 20 170 bis 20 179.

Der Ausschnitt „2 017" kann aber auch zu zwei verschiedenen Zahlen gehören. Wir unterscheiden dabei drei Fälle:

Fall 1: 2|017 Dies ist aber nicht möglich, da die zweite Zahl eines betrachteten Paares nicht mit „0" fortgesetzt werden kann.

Fall 2: 20|17 Diese Anordnung kann insgesamt 11-mal auftreten und zwar zwischen 1 720|1 721 und 17 020|17 021 bis 17 920|17 921.

Fall 3: 201|7 Diese Kombination gibt es nur einmal, nämlich in 7 201|7 202.

Damit erscheint in der Computerzeile insgesamt $13 + 11 + 1 = 25$-mal die Zahlenkombination 2 017 in dieser Reihenfolge.

© Der/die Autor(en), exklusiv lizenziert an Springer-Verlag GmbH, DE, ein Teil von   153
Springer Nature 2023
L. Andrews et al., *Aufgaben und Lösungen der Fürther Mathematik-Olympiade 2017–2022*, https://doi.org/10.1007/978-3-662-66721-7_30

Kapitel 31
Probleme des Alltags

31.1   L-15.1 Wer ist der Spitzbube? (72711)

Die Aussagen C und E können nicht gleichzeitig zutreffen, da sonst E ein Spitzbube wäre, obwohl er die Wahrheit gesagt hat. Ebenso können die Aussagen B, C und D nicht alle korrekt sein, denn sonst wäre D der Spitzbube, obwohl auch er nicht gelogen hat. Also ist entweder C oder E der Spitzbube oder er ist einer aus der Gruppe B, C oder D. Nur C kommt als Kandidat in beiden Gruppen vor; somit ist C der Spitzbube. Diese Wahl erfüllt auch alle fünf Bedingungen.

Denn: Angenommen C und D sind die beiden einzigen Personen mit Schuhgröße 40. Besäßen zudem C, D und E einen Goldfisch und wäre C der Spitzbube, dann wären die Aussagen A, B, D und E alle korrekt, jedoch nicht die Aussage C.

31.2   L-15.2 Mathepensionär (72721)

Wir listen alle Produkte mit drei verschiedenen Primzahlen der Größe nach auf:

(1) $2 \cdot 3 \cdot 5 = 30$ (dieses Alter ist kein Pensionsalter),
(2) $2 \cdot 3 \cdot 7 = 42$,
(3) $2 \cdot 3 \cdot 11 = 66$,
(4) $2 \cdot 3 \cdot 13 = 78$,
(5) $2 \cdot 3 \cdot 17 = 102$ (dieses Alter wäre zu hoch) oder
(6) $2 \cdot 5 \cdot 7 = 70$.

Jetzt betrachten wir die aktuellen Altersangaben von (2), (3), (4) und (6), die um 1 größer als im Jahr davor sind: 43, 67, 71 und 79. Dies sind alles Primzahlen.

Im nächsten Jahr werden daraus 44, 68, 72 und 80. Wir zerlegen diese Angaben nacheinander in geeignete Produkte aus zwei Faktoren:
$$44 = 4 \cdot 11, \; 68 = 4 \cdot 17, \; 72 = 8 \cdot 9 \text{ und } 80 = 16 \cdot 5.$$

© Der/die Autor(en), exklusiv lizenziert an Springer-Verlag GmbH, DE, ein Teil von Springer Nature 2023
L. Andrews et al., *Aufgaben und Lösungen der Fürther Mathematik-Olympiade 2017–2022*, https://doi.org/10.1007/978-3-662-66721-7_31

Nur die Zahl 72 ist dabei ein Produkt aus einer Quadrat- und einer Kubikzahl. Der ehemalige Mathelehrer ist somit 71 Jahre alt.

31.3   L-15.3 Playoff 1 (72813)

Wir bezeichnen die Mannschaften, die am Turnier teilnehmen mit A, B, C, D und E. Es sei C die Mannschaft, die alle Heimspiele gewonnen und alle Auswärtsspiele unentschieden gespielt hat. Diese Mannschaft hat demnach insgesamt $4 \cdot 4 = 16$ Punkte erzielt. Wir zeigen nun, dass diese 16 Punkte nicht unbedingt zum Aufstieg reichen müssen.

Angenommen die Auswärtsspiele von C endeten alle 0 : 0 und die Heimspiele jeweils 1 : 0. Dann hat C 16 Punkte und eine Tordifferenz von +4 erzielt. Wenn die Mannschaften A und B alle ihre Spiele gegen D und E jeweils mit 3 : 0 gewonnen und gegeneinander jeweils einmal 3 : 0 gewonnen und einmal 0 : 3 verloren haben, haben beide Mannschaften $6 + 6 + 3 + 1 = 16$ Punkte (der eine Punkt jeweils zu Hause gegen C). Beide Mannschaften haben eine Tordifferenz von $6 + 6 + 0 - 1 = +11$ erzielt. Somit liegen beide vor der Mannschaft C und steigen auf.

31.4   L-15.4 Playoff 2 (72822)

Wir bezeichnen die Mannschaften, die am Turnier teilnehmen mit A, B, C, D und E. Es sei C die Mannschaft, die alle Heimspiele gewonnen und alle Auswärtsspiele unentschieden gespielt hat.

Die Mannschaft C hat demnach insgesamt $4 \cdot 3 = 12$ Punkte erzielt. Wir zeigen nun, dass diese 12 Punkte sicher zum Aufstieg reichen.

Angenommen die Mannschaften A und B haben ihre beiden Spiele gegen D und E jeweils gewonnen. Gegen C haben beide Mannschaften aus den beiden Spielen jeweils einen Punkt erzielt. Somit haben A und B aus den Spielen gegen C, D und E $1 + 4 + 4 = 9$ Punkte erzielt. Nun entscheiden die Spiele gegeneinander. Gewinnt eine der Mannschaften beide Spiele, so hat sie $4 + 9 = 13$ Punkte und die andere bleibt bei 9 Punkten. Dann reichen die 12 Punkte von C zum 2. Platz und somit zum Aufstieg. Enden beide Spiele von A und B unentschieden, so haben beide $9 + 2 = 11$ Punkte und C erreicht den 1. Platz und steigt damit auf. Endet eines der Spiele zwischen A und B unentschieden und eines mit einem Sieg einer der Mannschaften, so hat die (hier) siegreiche Mannschaft $9 + 1 + 2 = 12$ und die andere Mannschaft $9 + 1 + 0 = 10$ Punkte erreicht. Eine der Mannschaften fällt also hinter C zurück.

In allen Fällen steigt C auf, wenn sie ihre Heimspiele gewinnt und die Auswärtsspiele unentschieden spielt.

31.5 L-15.5 Onlinebefragung (82821)

Sei k die ursprüngliche Anzahl an Bewertungen und x deren Sternesumme. Weiter seien a und b die beiden jüngsten Bewertungen in dieser Woche. Dann gilt

$$\frac{x}{k} = 3,46 \text{ und } \frac{x+a+b}{k+2} = 3,50 \Rightarrow x = (3 + \frac{23}{50}) \cdot k \quad (1)$$

$$x + a + b = (3 + \frac{1}{2}) \cdot k + 7 \quad (2).$$

Aus der Gl. (1) folgt, dass k ein Vielfaches von 50 sein muss. Zusätzlich erhält man nach Subtraktion der beiden Gl. (2) und (1) die Bedingung

$$a + b - 7 = \frac{k}{25}.$$

Wegen $a, b \leq 5$ ist die linke Seite eine positive ganze Zahl kleiner oder gleich 3. Daher gilt $k \leq 75$. Insgesamt folgt daraus $k = 50$. Zusammen mit den beiden Kundenbewertungen in dieser Woche haben 52 Personen das neue Smartphone bewertet.

31.6 L-15.6 Alte Schachteln (82913)

Wir nehmen an, es gibt k große Schachteln ($1 \leq k \leq 11$), die acht mittlere enthalten. Somit haben wir $8 \cdot k$ mittlere Schachteln. Insgesamt sind $11 - k$ große Schachteln leer. Von den $8 \cdot k$ Schachteln enthalten l Stück kleine Schachteln. Dies führt zu folgender Gleichung: $8 \cdot l + (8 \cdot k - l) + 11 - k = 102$. Vereinfacht gilt nun: $7 \cdot l + 7 \cdot k = 91$ oder $7 \cdot (l + k) = 91$ d. h. $l + k = 13$. Für die Gesamtanzahl N der Schachteln folgt daraus

$$N = 11 + 8 \cdot k + 8 \cdot l = 11 + 8 \cdot (k + l) = 11 + 8 \cdot 13 = 115.$$

Also hat die Klasse 8a insgesamt 115 Schachteln mitgebracht.

31.7 L-15.7 Onlineschach (72921)

Die Zahl der Partien sei n. Am Vormittag gewann Tim $\frac{5}{9}n$ Partien. Am Nachmittag spielte er also die übrigen $\frac{4}{9}n$ Partien; 75 % davon sind $\frac{3}{4} \cdot \frac{4}{9}n = \frac{1}{3}n$ Partien.

Die Anzahl der am Vormittag gewonnenen Partien ist um 12 größer als die der am Nachmittag gewonnenen Partien. Also gilt

$$\frac{5}{9}n = \frac{1}{3}n + 12$$
$$\Rightarrow 5n = 3n + 108 \Rightarrow 2n = 108$$
$$\Rightarrow n = 54.$$

Also hat Tim insgesamt 54 Partien gespielt. Von diesen gewann er am Vormittag fünf Neuntel, das sind 30 Partien. Die restlichen Partien waren $54 - 30 = 24$, davon 75 % sind 18 Partien.

Also hat er $30 + 18 = 48$ Partien gewonnen und sechs Partien nicht.

31.8   L-15.8 Quizshow (82921)

a) Der richtige Hinweis könnte (1), (2) oder (3) sein. Daher ergibt sich folgende Fallunterscheidung:

(1) ist richtig. Der Hauptpreis ist im dritten oder vierten Umschlag, weshalb (2) sicher falsch ist. Damit auch (3) nicht zutrifft, muss der Hauptpreis in diesem Fall im vierten Umschlag stecken.

(2) ist richtig. Wenn der Hauptpreis im zweiten Umschlag ist, kann im vierten Umschlag nur ein Trostpreis sein, weshalb hier unzulässig zwei Hinweise richtig sind.

(3) ist richtig. Der Hauptpreis befindet sich nicht in Umschlag 4. Da (1) und (2) falsch sind, kann der Hauptpreis auch nicht in Umschlag 3 und nicht in Umschlag 2 sein. Wenn der Hauptpreis aber im Umschlag 1 steckt, ist nur der Hinweis (3) richtig.

Bei nur einem gültigen Hinweis könnte der Hauptpreis in den Umschlägen 1 (Fall 3) oder 4 (Fall 1) stecken.

b) Nach a) kann der Hauptpreis nur in Umschlag 1 oder 4 sein. Ist der Hauptpreis im Umschlag 1, so sind leider nur die Hinweise (1) und (2) falsch. (Neben (3) ist auch (4) korrekt.) Dies widerspricht der Vorgabe „Drei Hinweise sind falsch". Ist der Hauptpreis im Umschlag 4, so sind (2), (3) und (4) falsch und nur (1) ist richtig. Anna sollte Umschlag 4 nehmen.

31.9   L-15.9 Mähroboter Grasel (73013)

Nehmen wir an, Grasel startet in horizontaler Richtung. Dann fährt er die Strecken mit den Längen 3 m, 5 m und 7 m auch in horizontaler Richtung. Da $1 + 3 + 5 + 7 + 9 = 25$ ungerade ist, kann er nicht gleich weit nach links und rechts fahren. Deswegen kommt er nicht zu A zurück. Vertikal fährt er $(2 + 4 + 6 + 8) = 20$ m und könnte z. B. $(2 + 8) = 10$ m nach oben und $(4 + 6) = 10$ m nach unten fahren.

Es kann also nur einen Weg geben, der 1 m neben A endet.

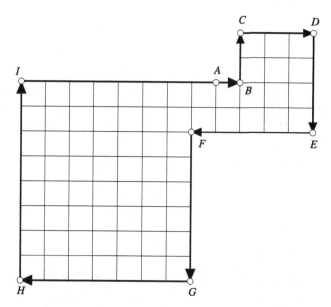

Abb. 31.1 Mähroboter Grasel

Ein Beispiel für einen Weg von Grasel zeigt Abb. 31.1. Hier startet Grasel bei A nach rechts und kommt am Ende bei B an.

31.10   L-15.10 Kurswahl (73022)

Wir bezeichnen mit MM den Kurs „Mehr Mathe", mit KS den Kurs „Kreatives Schreiben" und mit Ch den Chor.
Es sei x die Anzahl derer, die nur MM bzw. MM und KS wählen.
Weiterhin sei y die Anzahl derer, die alle drei Angebote wählen.
Dann gilt

$$2x + 5y + 6 = 30 \Rightarrow 2x + 5y = 24.$$

Daraus folgt, dass y eine gerade Zahl ist.
Für $y = 2$ erhalten wir $2x + 10 = 24$ und somit $x = 7$.
Daraus ergibt sich für MM: $2x + y + 6 = 22$, für KS: $x + 5y = 17$ und für Ch: $6 + 5y = 16$.
Für $y = 4$ erhalten wir aus $2x + 20 = 24$ $x = 2$, was einen Widerspruch zu $x > 2$ ergibt.
Für $y > 4$ wird x immer kleiner, was einen Widerspruch zu $x > 2$ ergibt.
   Im Kurs „Mehr Mathe" sind also die meisten Teilnehmenden.

Kapitel 32
... mal was ganz anderes

32.1 L-16.1 Karten ziehen (82622)

Wir halten fest: Bei der Division durch 6 gibt es unter den Zahlen von 1 bis 26

5 Zahlen, die den Rest 1 lassen, nämlich 1,7,13,19 und 25.
5 Zahlen, die den Rest 2 lassen, nämlich 2,8,14,20 und 26.
4 Zahlen, die den Rest 0 lassen, nämlich 6,12,18 und 24.
4 Zahlen, die den Rest 3 lassen, nämlich 3,9,15 und 21.
4 Zahlen, die den Rest 4 lassen, nämlich 4,10,16 und 22.
4 Zahlen, die den Rest 5 lassen, nämlich 5,11,17 und 23.

Damit lassen sich 12 Paare bilden, deren Summe immer durch 6 teilbar ist, zum Beispiel (1, 23),(2, 22),(3, 21),(4, 20),(5, 19),(6, 18),(7, 17),(8, 16),(9, 15),(10, 14), (11, 13) und (12, 24).

Übrig bleiben dabei zwei Zahlen, die bei der Division durch 6 den Rest 1 oder 2 lassen. In unserem Beispiel sind das die Zahlen 25 und 26.

Wählt Alfred eine Zahl, die bei der Division durch 6 einen der Reste 0,3,4 oder 5 lässt, so wählt Bertram seine Zahl, sodass die Summe der beiden durch 6 teilbar ist.

Im Laufe des Spiels muss Alfred eine Karte mit einer Zahl wählen, die bei der Division durch 6 den Rest 1 oder 2 lässt. Bertram kann dann die entsprechend andere Karte wählen.

Danach ergänzt er jede von Alfred gewählte Zahl, sodass die Summe durch 6 teilbar ist. So bleibt immer ein Paar übrig, dessen Summe durch 6 teilbar ist, d. h. Bertram kann den Sieg erzwingen.

32.2 L-16.2 Wahrscheinlich geometrisch (82723)

Wir können die Menge aller rationalen Zahlenpaare $(x; y)$, welche die Ungleichung $x + y > 1$ repräsentieren, in einem Koordinatensystem veranschaulichen. Sie wird

© Der/die Autor(en), exklusiv lizenziert an Springer-Verlag GmbH, DE, ein Teil von Springer Nature 2023
L. Andrews et al., *Aufgaben und Lösungen der Fürther Mathematik-Olympiade 2017–2022*, https://doi.org/10.1007/978-3-662-66721-7_32

Abb. 32.1 Wahrscheinlich
geometrisch

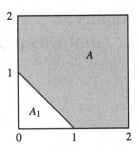

dargestellt durch die gefärbte Fläche (Abb. 32.1). Wegen $y > 1 - x$, wird die schräge Seite des Flächenstücks durch ein Teilstück der Geraden $y = 1 - x$ begrenzt (Abb. 32.1). Das Flächenstück liegt wegen $x, y \in [0, 2]$ in einem Quadrat der Länge 2. Die gesuchte Wahrscheinlichkeit p ist daher das Verhältnis des Inhalts der gefärbten Fläche A zur Fläche des gesamten Quadrates. Es ist $A_1 = \frac{1}{2} \cdot 1 \cdot 1 = \frac{1}{2}$.

Die gefärbte Fläche A hat den Wert $A = 4 - \frac{1}{2} = \frac{7}{2}$.

Somit beträgt die gesuchte Wahrscheinlichkeit $p = \frac{7}{2} \div 4 = \frac{7}{8}$.

32.3   L-16.3 Die sieben Zwerge (72821)

Ja, Schneewittchen wird ihre Kameraden bald am rechten Ufer in Empfang nehmen können.

Wir bezeichnen die Zwerge mit $Z_1, Z_2, Z_3, Z_4, Z_5, Z_6$ und Z_7. Das linke Ufer bezeichnen wir mit L und das rechte mit R.

Nun beschreiben wir den „Fahrplan", mit dem es möglich ist, dass alle sieben Zwerge ans rechte Ufer gelangen können.

1. Tour Z_1 und $Z_6 \rightarrow R$. Danach $Z_1 \rightarrow L$
   $L : Z_1, Z_2, Z_3, Z_4, Z_5, Z_7$ und $R : Z_6$
2. Tour Z_2 und $Z_5 \rightarrow R$. Danach $Z_2 \rightarrow L$
   $L : Z_1, Z_2, Z_3, Z_4, Z_7$ und $R : Z_5, Z_6$
3. Tour Z_3 und $Z_4 \rightarrow R$. Danach $Z_3 \rightarrow L$
   $L : Z_1, Z_2, Z_3, Z_7$ und $R : Z_4, Z_5, Z_6$
4. Tour $Z_7 \rightarrow R$. Danach $Z_6 \rightarrow L$
   $L : Z_1, Z_2, Z_3, Z_6$ und $R : Z_4, Z_5, Z_7$
5. Tour Z_1 und $Z_6 \rightarrow R$. Danach $Z_5 \rightarrow L$
   $L : Z_2, Z_3, Z_5$ und $R : Z_1, Z_4, Z_6, Z_7$
6. Tour Z_2 und $Z_5 \rightarrow R$. Danach $Z_4 \rightarrow L$
   $L : Z_3, Z_4$ und $R : Z_1, Z_2, Z_5, Z_6, Z_7$
7. Tour Z_3 und $Z_4 \rightarrow R$.
   $L :$ kein Zwerg   und $R : Z_1, Z_2, Z_3, Z_4, Z_5, Z_6, Z_7$

Der Fahrplan besteht also aus sieben Transfers ans rechte Ufer R, bei denen das Boot immer die maximale Last von 7 kg trägt, und sechs Transfers ans linke Ufer L, bei denen jeder Zwerg bis auf den schwersten genau einmal dran ist, das Boot zurückzubringen. Alle Bedingungen wurden somit eingehalten und Schneewittchen kann ihre sieben Zwerge in die Arme schließen.

32.4 L-16.4 Viele Würmer (72923)

a) Die beiden Amseln fressen im nächsten Jahr $2 \cdot 7 \cdot 270 = 3\,780$ Würmer. Dafür müssen in diesem Jahr im Herbst $3\,780 \div 36 = 105$ Würmer ihre Eier ablegen.

b) 105 Würmer müssten am Ende der Fresszeit der Amseln noch leben, weshalb im nächsten Jahr $3\,780 + 105 = 3\,885$ Würmer schlüpfen müssen, wofür dieses Jahr $3\,885 \div 36 \approx 107,91$, also 108 Würmer Eier ablegen müssen.

c) 108 Würmer legen $108 \cdot 36 = 3\,888$ Eier. Von den daraus schlüpfenden 3 888 Würmern werden im nächsten Jahr 3 780 Würmer gefressen, 108 Würmer überleben. Es legen also wieder 108 Würmer ihre Eier ab. Theoretisch bleibt damit in jedem Jahr die Anzahl der geschlüpften Würmer und die Anzahl der Eier ablegenden Würmer gleich, die Population bleibt also stabil.

32.5 L-16.5 Drei Freundinnen (83013)

Wir bezeichnen mit A, B bzw. C das jeweilige Alter von Anna, Bettina und Christa. Wir nehmen an, Aussage 3 ist richtig, es gelte also $C < B$. Falls Aussage 2 wahr ist, dann gilt $A < C < B$, und daher ist die Aussage 1 $A > B$ falsch. Zugleich ist aber $2A = A + A < A + B < C + B$ und daher ist Aussage 4 falsch. Damit sind die beiden Aussagen 1 und 4 falsch im Widerspruch zur Voraussetzung. Aussage 2 ist somit nicht richtig.

Also ist $C < A$ und daher mit $C + A < A + A = 2A = B + C$ und wegen Aussage 4 schließlich $A < B$. Dann kann aber Aussage 1 nicht richtig sein. Damit sind zwei Aussagen, nämlich 2 und 1, falsch und somit kann Annahme 2 nicht richtig sein.

Aussage 3 ist also falsch. Daher sind die Aussagen 1, 2 und 4 sowie die Negation der dritten Aussage, also $B < C$, allesamt wahr. Aus den Aussagen 1 und 2 folgt nun $B < A < C$.

Bettina ist demnach das jüngste Mädchen und Christa das älteste.

Anhang: Aufgaben geordnet nach Lösungsstrategien

Anwendung der Primfaktorzerlegung 4.5, 10.14, 10.15, 15.2

Anwendung des Stellenwertsystems 10.4

Binomische Formel 10.2

Bruchrechnung 10.6

Diophantische Gleichung 4.6

Fallunterscheidungen durchführen 2.7, 2.10, 2.11, 8.4, 10.1, 10.8, 10.18, 14.1, 15.8, 16.1

Flächeninhaltsformeln 6.1, 6.4, 11.9, 12.1, 12.2, 12.3, 12.5, 12.6, 13.1

Gauß'sche Summenformel 2.2, 10.3

Geschicktes Ausklammern, Multiplizieren 10.12, 10.2

Geschicktes Summieren 2.2, 2.16, 2.17, 13.1

Gleichung(en) aufstellen, anwenden 7.3, 8.3, 9.3, 9.4, 10.2, 10.4, 10.5, 10.7, 10.8, 10.10, 10.13, 10.14, 10.16, 10.18, 11.9, 13.1, 13.2, 15.5, 15.6, 15.7, 15.10

Kombinatorik 10.16

Kongruenzsätze anwenden 11.5, 11.8

Logisches Schlussfolgern 1.1, 1.2, 1.3, 1.4, 1.5, 1.6, 1.7, 1.8, 1.9, 1.10, 2.1, 2.3, 2.4, 2.5, 2.6, 2.8, 2.9, 2.12, 2.13, 2.14, 2.18, 3.4, 4.1, 4.2, 4.3, 4.4, 4.6, 4.7, 5.1, 5.2, 5.3, 6.2, 6.5, 7.1, 7.2, 7.6, 7.7, 7.8, 10.5, 10.11, 12.4, 12.5, 13.3, 15.1, 15.3, 15.4, 15.9, 16.2, 16.3, 16.4, 16.5

Paralleleneigenschaften 11.8, 12.1, 12.6

Paritäten ausnutzen 2.10, 10.5

Prozentrechnung 7.5, 7.10, 15.7

Rechnen mit Resten 16.1

Sätze am Dreieck anwenden 11.6

Symmetrie 11.4

Systematisches Abzählen 3.2, 3.3, 9.1

Teilbarkeit, Teilbarkeitsregeln 1.8, 1.11, 2.13, 2.15, 2.16, 3.1, 4.8, 4.9, 7.4, 9.2, 10.7, 10.9, 10.14, 10.17

Widerspruchsbeweis 5.2, 16.5

Winkelgesetze 11.2, 11.3, 11.4, 11.7

© Der/die Autor(en), exklusiv lizenziert an Springer-Verlag GmbH, DE, ein Teil von Springer Nature 2023
L. Andrews et al., *Aufgaben und Lösungen der Fürther Mathematik-Olympiade 2017–2022*, https://doi.org/10.1007/978-3-662-66721-7

Winkelsumme im n-Eck 11.1
Zahlenfolgen 8.1, 8.2
Zielgerichtetes Probieren 1.1, 1.2, 1.3, 1.4, 1.5, 1.6, 1.7, 1.8, 1.9, 1.10, 7.9, 9.3, 10.10

Stichwortverzeichnis

Printed in the United States
by Baker & Taylor Publisher Services

Printed in the United States
by Baker & Taylor Publisher Services